CULTURE
DES CHAMPIGNONS

DE COUCHES ET DE BOIS

ET

DE LA TRUFFE

OU

Moyens de les multiplier, reproduire, accommoder, conserver,
de reconnaître les Champignons sauvages, comestibles, etc, etc.

PAR

V.-F. LEBEUF

Membre de plusieurs Sociétés agricoles, horticoles et industrielles

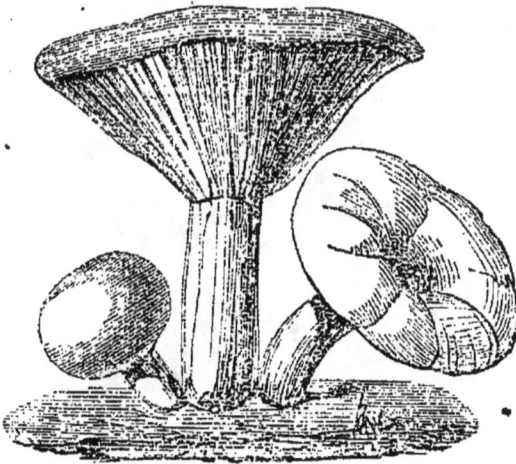

PARIS

RORET, LIBRAIRE-ÉDITEUR

12, RUE HAUTEFEUILLE, 12

CULTURE

DES CHAMPIGNONS

ET DE LA TRUFFE

CULTURE
DES CHAMPIGNONS

DE COUCHES ET DE BOIS

ET

DE LA TRUFFE

ou

Moyens de les multiplier, reproduire, accommoder, conserver,
- de reconnaître les Champignons sauvages, comestibles, &&.

PAR V.-F. LEBEUF

Membre de plusieurs Sociétés agricoles, horticoles et industrielles.

———

PARIS

RORET, LIBRAIRE-ÉDITEUR

12, RUE HAUTEFEUILLE, 12

Le champignon et la truffe sont universellement recherchés, parce qu'ils offrent des ressources culinaires agréables et distinguées. Il n'est donc pas étonnant que, de tout temps, l'on se soit occupé de les multiplier et de les reproduire.

Quand nous avons voulu essayer de cultiver les champignons, nous avons lu avec attention tout ce qu'on a écrit à ce sujet, nous avons consulté tous les ouvrages qui en ont traité; mais aucun ne nous a satisfait : il nous a donc fallu agir en tâtonnant.

Du reste, à part deux variétés, le palomet et l'agaric atténué, la culture des champignons sauvages n'est décrite nulle part, et le meilleur de tous, le preuvet, n'est mentionné dans aucun écrit. Cependant, nous le proclamons le roi des champignons.

Quant à la truffe, toutes les théories, tous les

systèmes nous ont semblé si erronés, si impossibles, que nous ne nous y sommes pas arrêté un instant. Nous avons fait des recherches à l'aide du microscope, afin de nous assurer si un examen attentif de ce végétal et de la terre dans laquelle on le trouve ne nous apprendrait rien. — Nos efforts, croyons-nous, ont été couronnés de succès; car bientôt nous avons été convaincu qu'on ne savait rien sur ce tubercule souterrain, et que tout ce qui en avait été dit n'était basé que sur des suppositions complétement absurdes.

Pour combler cette lacune, d'une part; pour satisfaire nos clients qui, chaque jour, nous demandent des renseignements et des instructions sur la meilleure manière de cultiver le champignon, de l'autre ; nous avons livré nos idées à la publicité, pour qu'ils en fassent leur profit, sinon pour nous débarrasser d'une correspondance parfois fort longue et très-fatigante.

V.-F. LEBEUF.

Argenteuil, le 25 janvier 1867.

CULTURE

DES CHAMPIGNONS

Du Champignon

SA DESCRIPTION. — SES VARIÉTÉS.

CHAMPIGNON, de l'italien *campinione*, de *campus*, le champ. Nom générique d'une famille nombreuse de plantes sans organes sexuels apparents, d'une consistance molle, spongieuse ou coriace, dénuées de feuilles et de racines, dont la couleur varie beaucoup. (*Dict. nat. de Bescherelle.*)

Les champignons se divisent en deux classes bien distinctes : les champignons *comestibles* et les champignons *vénéneux*.

Les principaux champignons comestibles sont les suivants :

1º Agaric atténué (*Agaricus attenuatus*);

2º Champignon comestible (*Agaricus edulis* ou *Fungus sativus equinus*);

3º Champignon délicieux (*Agaricus deliciosus*);

4º Cep (*Boletus edulis*);

5º Chanterelle (*Cantharellus cibarius*);

6º Clavaire (*Clavaria coralloïdes*);

7º Faux mousseron (*Agaricus tortilis*);

8º Galmotte (*Amanita rubescens*);

9º Lactaire doré (*Agaricus lactiferus aureus*);

10º Morille (*Morchella esculenta*);

11º Mousseron (*Agaricus albellus*);

12º Oronge (*Amanita aurantiaca*);

13º Palomet (*Agaricus Palomet*);

14º Preuvet (*Agaricus piperatus Burgundiæ*).

Nous passons sous silence une vingtaine de champignons comestibles peu connus et de peu de valeur, parce qu'ils peuvent être facilement confondus avec des champignons vénéneux dont ils ont toutes les apparences.

Agaric atténué (Fig. 1). Ce champignon est ainsi nommé, parce que son pédicelle est plus large près du chapeau qu'à sa base. Il porte un anneau de couleur brun fauve au-dessous du chapeau qui est convexe et supporté par un pédicelle qui est presque toujours incliné. Le dessous du chapeau est revêtu de lames de grandeurs inégales qui sont adhérentes au pédicelle. Le champignon tout entier est brun fauve ; mais le pédicelle est moins foncé.

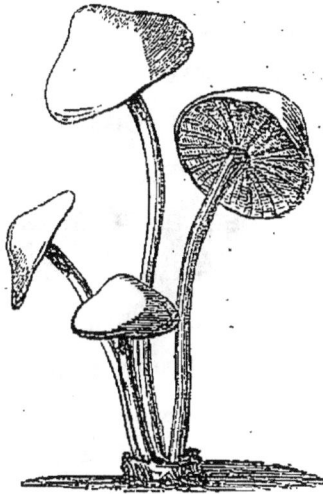

L'agaric atténué se trouve sur les vieux troncs de saules ou de peupliers. Il n'est guère connu que dans les contrées méridionales.

Agaric atténué (*fig.* 1).

Champignon comestible (Fig. 2). Le champignon comestible est l'un des plus connus ; on le trouve dans les prairies, dans les pelouses, au printemps et à l'automne, après les premières et les secondes coupes, quand l'herbe commence à couvrir le sol.

Au moment où il sort de terre, il est en forme de boule ; les bords sont alors roulés autour du pédicelle, il est blanc ; mais bientôt les bords s'étalent et laissent apercevoir, en dessous, des lames ou feuillets roses. Dans cet état il atteint tout son développement, et le chapeau est parfois teinté de gris brun.

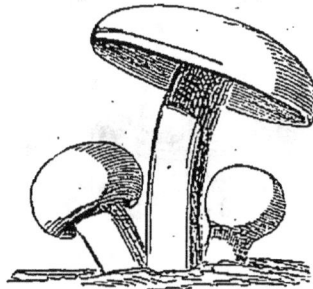

Champignon comestible (*fig.* 2).

Le pédicelle est toujours au milieu et non de côté, comme dans quelques champignons vénéneux qui ont de l'analogie avec lui (par exemple, l'*amanite vénéneux*). La peau du chapeau est peu adhérente et s'enlève facilement, ce qui n'a pas lieu dans les champignons vénéneux. La chair du chapeau est blanche et ne change pas de nuance quand elle est exposée à l'air.

On remarque autour du pédicelle un petit anneau qui est fort peu adhérent et dont les bords sont rarement entiers, mais, au contraire, presque toujours comme déchirés.

Le champignon de couche est identique au champignon comestible ; il ne s'en distingue que par sa taille qui est moindre.

Champignon délicieux *(fig.3).*

Champignon délicieux (Fig. 3). Ce champignon fait partie du groupe du genre agaric, dit *Lactaire,* c'est-à-dire de ceux qui laissent écouler un suc laiteux quand on les coupe. Le suc du Champignon délicieux est jaune, d'une saveur douce et exhalant une odeur très-agréable. Il croît naturellement dans le midi.

Le Champignon délicieux a le pédicelle fort,
solide, nu, d'un beau jaune. Il est sans vide intérieur. Le chapeau est régulier, sa couleur est va-
riable ; elle est tantôt rouge sale, tantôt fauve. Les
feuillets ou lames sont de même nuance que le
chapeau, mais moins foncés ; ils sont de longueurs
inégales.

Ce champignon est excellent ; c'est le meilleur,
selon nous, après le *Preuvet*, dont nous allons parler plus loin.

Cep ou *Bolet comesti-
ble* (Fig. 4). Le Cep
diffère essentiellement
des trois champignons
que nous venons de dé-
crire ; il appartient à la
famille des Bolets et
non à celle des Agarics.
On a vu que les Agarics
ont le dessous du cha-
peau recouvert de feuil-
lets ou lames , tandis
que les bolets en sont
totalement dépourvus.

Cep ou Bolet comestible (*fig.* 4).

Ces lames sont rempla-
cées par une sorte de tissu spongieux, imitant assez
bien des tubes logés verticalement à côté les uns
des autres.

Le Cep a le pédicelle plus petit au sommet qu'à la base; il est d'un blanc mat, pâle, marbré de roux. Le chapeau est de couleur fauve, lisse et uni ; les tubes, d'abord blancs, deviennent d'un jaune olive ou verdâtre.

On connaît ce champignon sous plusieurs noms dans le sud-ouest. On le nomme *Brugnet*, *Cep*, *Gyrolle*, *Potiron*.

Il vient particulièrement dans les clairières des bois. Il y a deux sortes de Ceps : le *Cep commun*, que nous venons de décrire, et le *Cep bronzé*. Ce dernier, en tout semblable au Cep commun quant à la forme, a le chapeau de couleur bronze très-foncé tirant sur le noir, et les tubes jaunes (Fig. 5). On le nomme aussi *Cep gendarme*, sans doute en raison de la forme de son chapeau.

Cep bronzé (fig. 5).

C'est le Cep commun que l'on conserve et que l'on trouve sec dans les magasins de Paris, où il est vendu jusqu'à 2 fr. 50 c. le kilogramme. On le conserve également dans l'huile, comme la sardine.

Chanterelle (Fig. 6). Ce champignon, qu'on nomme *Jaunotte* dans la Côte-d'Or, a des caractères particuliers. La Chanterelle a des plis qui imitent un peu les feuillets des Agarics, mais ils ne s'arrêtent pas brusquement sur le pédicelle; ils se continuent sou-

Chanterelle *(fig. 6)*.

vent jusqu'au milieu de sa longueur; de telle sorte que le chapeau et le pédicelle sont confondus et non distincts, comme dans les Bolets et les Agarics. Le pédicelle, au lieu d'être uniforme dans sa grosseur, se développe à partir de l'endroit où les plis apparaissent, et s'élargit pour former avec le chapeau un cône très-ouvert en forme d'entonnoir.

La Chanterelle a le pédicelle charnu, un peu court; parfois il n'est presque pas apparent; il est d'un jaune plus ou moins foncé. Le chapeau est concave, avec des bords irréguliers ou échancrés; il est jaune, tantôt clair, tantôt orange ou chamois.

Ce champignon est coriace et ne mérite pas la culture. Il en croît beaucoup dans les bois de la Côte-d'Or, mais il est peu estimé.

1.

Clavaire coralloïde (Fig. 7). Ce champignon bizarre est connu sous plusieurs noms : on le nomme *Cheveline, Mainotte, Patotte* (en Bourgogne), et *Tripette, Barbe de chèvre* ou *de bouc, Pied de coq, Gauteline.*

Il y a encore une Clavaire dite *Clavaire-truffon,* à saveur de truffe. Les plus connues sont la *Clavaire langue de serpent* et l'*Ergot du seigle.*

La Clavaire coralloïde est un champignon à chair ferme et cassante, dont les ramifications imitent certains lichens qui croissent au bord de la mer, ou ceux qu'on rencontre sur de vieilles souches d'arbres pourris. Elle tire son nom de *coralloïde*, de ce que l'ensemble de ses rameaux ressemble à un bouquet de corail. Elle est d'un jaune sale ou verdâtre, et quand on la touche, elle s'agite pendant quelques instants comme du caoutchouc. Son pédicelle est court, anguleux et irrégulier comme le reste de la plante ; il est de la même couleur que les rameaux.

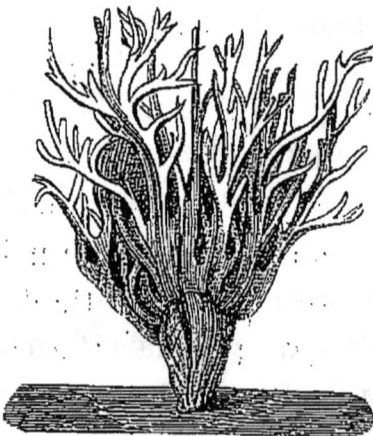

Clavaire coralloïde (*fig.* 7).

Son surnom de *Mainotte* ou *Patotte* lui vient de ce qu'elle a des rameaux qui imitent soit des doigts, soit des extrémités de pattes de certains animaux.

Il y a beaucoup de variétés de Clavaires. Les plus estimées sont la jaune et la violette.

On en trouve dans la Côte-d'Or, mais jamais en grande quantité. Quelques personnes regardent ce champignon comme un mets excellent; nous le considérons comme médiocre.

Les Clavaires croissent dans toutes les parties de l'Europe; les unes sont comestibles et les autres ne le sont pas; mais ces dernières sont inoffensives; aucune n'est vénéneuse.

Faux mousseron (Fig. 8). Ce champignon, qui croît en abondance dans l'ouest de la France, y est connu sous le nom de *Godaille, Mousseron d'automne.* Une partie de la récolte est conservée et exportée à Paris.

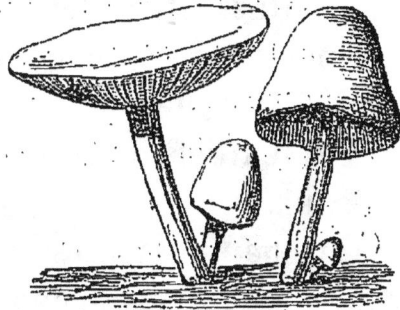

Le faux mousseron a beaucoup d'analogie avec le mousseron vrai, seulement son chapeau est un peu moins arrondi et un peu conique. Sa nuance est à peu près la même; cependant elle tire tantôt sur le jaune, tantôt sur le brun.

Faux mousseron. (fig. 8).

Les botanistes lui ont donné le nom d'*Agaricus tortilis,* parce que son pédicelle se tord en se desséchant.

Ce champignon est généralement moins estimé que le mousseron vrai, et cela avec raison, parce que son parfum et sa saveur sont moins agréables que ceux du mousseron.

Galmotte. Ce champignon est de grande taille; il a beaucoup d'analogie, comme forme, avec l'oronge (fig. 12). Il atteint souvent quatorze centimètres de hauteur. Son pédicelle est renflé à la base et presque cylindrique, et, pour ainsi dire, toujours creux à l'intérieur.

Ce champignon est entouré d'une volva en naissant, et il en conserve des traces; il est rougeâtre, ainsi que l'anneau dont il est entouré.

Le chapeau est primitivement bombé; mais, en vieillissant, il devient plan, horizontal, et de nuance rouge avec des sortes d'écailles d'autant plus apparentes qu'il est plus avancé.

Les feuillets sont larges, nombreux, blancs et inégaux.

Ce champignon est peu délicat. On ne le rencontre guère en abondance que dans la Haute-Saône, le Doubs, la Meurthe et la Moselle.

Il faut se méfier des jeunes Galmottes, parce qu'elles peuvent être confondues aisément avec la *fausse galmotte* (amanite à verrues) qui est très-vénéneuse. Il faut les récolter quand elles ont acquis toute leur croissance et qu'elles ont le caractère décrit ci-dessus.

Lactaire doré (Fig. 9). Ce champignon a les caractères du Champignon délicieux, mais il n'en a pas les qualités. De plus, il est facilement confondu avec l'*Agaric meurtrier*, quand il est avancé ou vieux, parce qu'alors son chapeau est étalé et devient d'un brun rougeâtre très-accentué.

Lactaire doré (*fig.* 9).

En pleine croissance, le pédicelle du Lactaire doré est brun ou rouge incarnat, un peu plus étroit à sa base que vers le chapeau, qui est presque rond ou globuleux et de couleur brun orangé. Lorsqu'on le coupe, il en découle un suc laiteux et blanc, d'une saveur douce, presque sucrée. Les feuillets sont d'un blanc légèrement jaunâtre.

Ce champignon se trouve surtout dans les contrées méridionales de la France, sur les pelouses et les friches.

Morille (Fig. 10). La Morille est un champignon d'une forme particulière, qui ne ressemble en rien à ceux que nous avons décrits. Supportée sur un pédicelle renflé en bas, un peu étroit vers le chapeau, creux à l'intérieur, elle ressemble assez à une pomme de pin comme forme, car elle est conique, et son chapeau est troué de cavités tantôt horizontales, tantôt presque verticales, ce qui lui donne l'aspect d'une éponge grossière d'un gris foncé ou roussâtre.

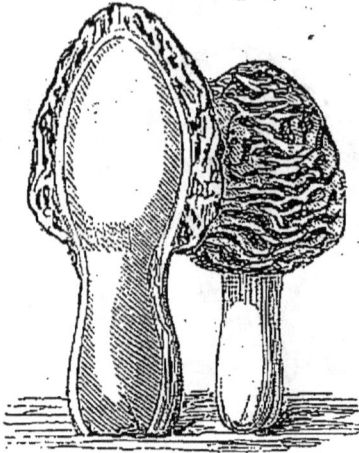

Morille *(fig. 10)*.

Le pédicelle ne se sépare pas du chapeau ; il s'élargit avec lui, et les cônes apparaissent sur son rebord inférieur comme dans les parties les plus élevées.

Pour la récolter, il faut la couper rez terre avec un couteau et non l'arracher, pour éviter d'introduire de la terre dans les loges, d'où il est difficile de la faire sortir.

Ce champignon est très-bon, mais peu abondant, quoiqu'on le rencontre sous toutes les latitudes en France. Certaines années, il en arrive d'assez grandes quantités à la halle de Paris à l'état sec.

Mousseron (Fig. 11). Ce délicieux champignon est très-petit de taille (c'est le plus petit de tous les champignons); il se trouve sur les pelouses et les friches sèches, dans les clairières des bois; au

printemps, souvent à l'ombre des bouleaux, des genévriers, des coudriers, etc.

Son pédicelle est court,
épais, lisse, un peu renflé
dans le milieu; il est placé
au centre du chapeau qui
est arrondi, presque globuleux, et qui finit par devenir en cône tronqué ou
en forme de cloche. Il ne

Mousseron (*fig.* 11).

s'étale jamais et ne devient pas horizontal et
encore moins concave.

Les Feuillets sont irréguliers et terminés en
pointe vers les bords du chapeau. Ce champignon
est toujours blanc, et il exhale une odeur suave,
un parfum légèrement musqué qui le fait distinguer aisément de tous les autres champignons,
surtout de ceux qui ont une certaine analogie de
forme avec lui; mais ils sont tantôt plus gros,
tantôt d'une odeur peu agréable ou toute diffé-
rente.

Il croît en abondance dans l'ouest de la France.
Nous l'avons vu en grande quantité dans la Côte-
d'Or.

Oronge (Fig. 12). L'Oronge a quelque ressemblance comme forme avec les Agarics; elle a des
feuillets et un chapeau réguliers; cependant elle
n'appartient pas au même genre, car les bota-

nistes l'ont nommée *Amanite orangée* (*Amanita aurantiaca*).

Ce champignon, au moment où il sort de terre, est enveloppé d'un sac de peau blanche (*volva*) qui lui livre passage quand il ne peut plus le contenir; les débris de cette membrane restent adhérents à la base du pédicelle.

Oronge (*fig.* 12).

L'Oronge a un chapeau régulièrement rond, d'un rouge vif; il est un peu bombé et finit par devenir plat et même légèrement concave. La chair est blanche.

Le pédicelle est de nuance jaune, recouvert d'un anneau à peu près dans le milieu de sa longueur; il est lisse et un peu renflé à la base.

Ce champignon, très-abondant dans les départements du sud-ouest, est l'un de ceux qui donnent lieu au plus grand commerce d'exportation; cependant il peut être confondu avec la fausse oronge (*Amanite vénéneuse*).

Dans la Côte-d'Or, on la rencontre souvent en groupe de cinq ou six : elle y est connue sous le nom de *Rougeotte*.

Il y en a une variété jaune qui est également comestible; c'est l'Amanite césarée (*Amanita cœsarea*). Elle nous a semblé moins tendre, moins parfumée que l'oronge rouge.

Palomet (Fig. 13). Ce champignon subit plusieurs formes pendant le cours de sa végétation. Il faut le bien étudier pour ne pas le confondre avec certains champignons qui lui ressemblent dans quelques périodes de sa croissance.

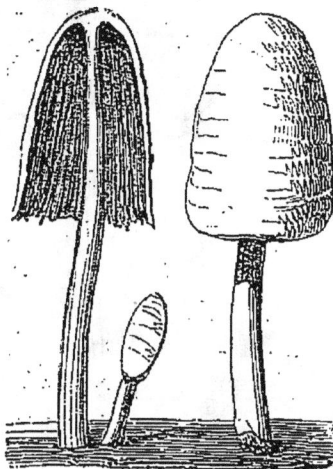

Le Palomet a le pédicelle uni, nu et cylindrique, avec un léger renflement à la base.

Palomet (*fig. 13*).

Le chapeau, en naissant, est convexe, et les bords sont presque soudés au pédicelle; mais, à mesure que le champignon croît, le chapeau se creuse, les bords se relèvent et il devient concave. Le chapeau est gris verdâtre, strié sur les bords.

Les feuillets sont très-nombreux, blancs et égaux.

La chair du pédicelle et du chapeau est blanche et assez parfumée.

Ce champignon croît en abondance dans les Landes, où il est connu sous le nom de *Crusagne*.

Preuvet (Fig. 14). Ce champignon n'a été dé-

crit par personne, du moins nous n'en avons ren-
contré aucune description dans les ouvrages qui
traitent du champignon. Cela tient probablement
à ce qu'il n'est
pas très - ré-
pandu et qu'il
ne croît guère
que dans les
forêts de la
Bourgogne. Sa
saveur, parfois
très - piquante,
a quelque chose
du poivre, avec
une odeur dé-

Preuvet (*fig. 14*).

licieuse ; c'est pourquoi nous l'avons nommé *Agaricus piperatus Burgundiæ* (Agaric poivré de Bourgogne).

Ce champignon, qui atteint souvent de fortes
dimensions (nous en avons vu qui avaient quinze
centimètres de diamètre et qui pesaient près de
cinq cents grammes), a, en naissant, les caractères
du champignon de couche : il est rond ; mais
bientôt son pédicelle s'allonge, le chapeau se développe et devient bombé et convexe dans le milieu ; il est à peu près régulièrement rond, et le
pédicelle est placé au centre. En vieillissant les
bords se relèvent ; il devient concave, et finit par
avoir la forme d'un entonnoir très-évasé. Dans cet

état, il est toujours piqué des vers, et il a perdu de ses qualités, de sa fermeté, et sa chair trouée est grisâtre ; il n'est plus propre à la table.

Le pédicelle du Preuvet est blanc, gros, charnu, court, un peu renflé à la base ; il est uni et plein tant que le chapeau est bombé, plus tard il se creuse. Le chapeau a les bords épais, charnus, un peu repliés sur les lames ; il est presque lisse, d'un beau blanc mat ; mais très-souvent il est souillé par des feuilles ou des débris de végétaux qui y adhèrent fortement. La peau est très-mince et ne se détache pas de la chair. Les lames sont d'un blanc rosé d'abord, puis elles deviennent blanches quand le chapeau est concave. Elles sont disposées assez régulièrement, mais d'inégales longueurs.

Le Preuvet, quand il est vieux, peut être confondu avec le *faux Preuvet* qui est un lactaire très-vénéneux ; mais il facile de s'assurer de son identité, puisque, en coupant le lactaire, il en sort un suc blanc très-corrosif. D'ailleurs le lactaire se pèle facilement, ayant la peau épaisse et résistante. Au surplus, le Preuvet, quand il est avancé, est toujours rongé des vers dans le milieu de son pédicelle et près de sa base, tandis que le lactaire ne l'est pas, ou seulement quand il est en décomposition.

Le Preuvet est le plus délicieux des champignons ; récolté à point et consommé immédiatement, nous le tenons pour tout ce qu'il y a de plus exquis. Son parfum se rapproche de celui de la truffe ; sa saveur piquante, si recherchée des amateurs, le met bien au-dessus de tous les autres champignons, qui sont plus ou moins fades ou musqués.

Employé comme la truffe, pour garnir et parfumer une volaille, il est délicieux et très-apprécié.

Les champignons vénéneux, les plus connus et les plus communs ou répandus, sont les suivants :

Amanite bulbeuse,
Amanite fausse oronge,
Bolet,
Amanite printanière,
Gymnote mousseron,
Lactaire ou Agaric meurtrier.

L'*Amanite bulbeuse,* connue aussi sous le nom de *Bonnet vert,* est la plus vénéneuse de toutes. Elle est de couleur jaune olive ou verdâtre. Ses lames sont blanches et elle a une odeur de moisi assez prononcée.

Amanite fausse oronge. — Ce champignon, très-voisin de l'Amanite oronge, est très-commun et peut aisément se confondre avec ce dernier dont il a beaucoup de caractères. Seulement, la fausse oronge est visqueuse et mouchetée de blanc, tandis que l'oronge comestible est sèche, lisse, et a toujours le chapeau rouge avec des traces de la volva. Si on en place une tranche sur la langue, on éprouve une impression désagréable que l'amanite comestible ne produit pas. Son pédicelle et ses feuillets sont blancs.

Amanite printanière. — Ce champignon est blanc et son chapeau porte les traces de la volva. Son pédicelle est absolument semblable à celui de l'Amanite comestible (*Amanita aurantiaca*); mais ses feuillets sont blancs et non roses, comme dans celui-ci.

Bolet. — Le Bolet, surnommé *Charbonnier-poison*, est en tout semblable au Bolet comestible; mais il atteint une plus grande dimension, et quand on le coupe, sa chair devient bleue, vert foncé, brune ou noire, et rouille immédiatement la lame du couteau qui l'a entamé.

Gymnote mousseron. — Ce champignon est couleur soufre et a le pédicelle très-élevé, ce qui permet de le distinguer du Mousseron comestible. Il est, du reste, coriace et exhale une odeur désagréable et nauséabonde.

Il y a encore la *Gymnote mousseron aromatique* ou

Mousseron anisé dont l'odeur imite assez le parfum aromatique de l'anis vert. Ce champignon est pernicieux.

Lactaire ou *Agaric meurtrier*. — Ce champignon est de couleur vineuse. Le chapeau, qui est régulièrement rond, se creuse en forme d'entonnoir et est zoné et peluché. Quand on l'entame avec un couteau, il en découle un suc laiteux blanc ou jaunâtre d'une saveur brûlante.

Le faux Preuvet ne diffère de l'Agaric meurtrier que par la couleur de son chapeau et de son suc : ils sont toujours d'un blanc de crème : il n'y a que quand ce champignon vieillit que la couleur devient plus foncée.

L'un et l'autre sont des champignons très-dangereux ; mais pour peu qu'on veuille s'en donner la peine, on ne les confond pas avec leurs similaires qui sont comestibles.

Comment se reproduisent les champignons, leurs graines.

Le champignon est un végétal souterrain, composé de trois choses principales qui sont, savoir :

1º La plante, blanc ou mycélium ;

2º Le fruit ou champignon ;

3º La graine ou spore.

Le mycélium ou plante se compose de filaments blancs qui se développent lentement dans le sol, sous l'influence de la chaleur humide, comme le font tous les autres végétaux.

Le fruit, c'est-à-dire le champignon, ne se montre que quand la plante a pris tout l'accroissement nécessaire et qu'elle est parvenue au point culminant de sa croissance, comme il arrive pour toutes les autres plantes.

La graine ou spore se trouve dans le fruit, soit dans les tubes situés au-dessous du chapeau, comme dans les Bolets ; soit entre les lames, comme dans les Agarics ; soit entre les plis, comme dans la Chanterelle ; soit dans des membranes spéciales soudées au-dessous du chapeau, comme dans la Morille et la Clavaire.

C'est à l'aide du microscope seulement que l'on peut reconnaître toutes les parties du champignon et les apprécier, l'œil nu ne pouvant saisir d'une manière assez précise les caractères de ce singulier végétal.

C'est donc en semant les spores des champignons qu'on les reproduit ; mais cette voie est très-lente et exige des soins tout particuliers : aussi préfère-t-on les multiplier de boutures comme on multiplie toutes les plantes vivaces, c'est-à-dire en *repiquant* la plante elle-même, le mycélium.

Reproduire les champignons n'est pas chose facile ; il ne suffit pas de semer les spores, ou de repiquer le mycélium pour en obtenir. Il y a une foule de considérations à observer qui ne sont pas toujours bien saisissables ; la théorie et la pratique sont souvent en défaut ; car la science n'est pas suffisamment avancée encore pour nous guider sûrement dans ce travail : c'est à peine si nous en connaissons le premier mot. Cependant, ce que l'on sait est suffisant pour obtenir et multiplier le champignon, et en attendant de nouvelles découvertes on utilise sûrement celles que l'on possède. Nul doute que, plus tard, les moyens de production se multiplieront en se simplifiant, et que l'on récoltera des champignons aussi facilement que des carottes et des navets.

Chaque champignon a ses exigences de reproduction : l'un veut la terre naturelle augmentée d'un peu de terreau ; l'autre, le fumier ; celui-ci, une terre composée de débris végétaux riches en humus ; celui-là, un sol frais et couvert de feuilles, etc.

QUALITÉS ALIMENTAIRES DU CHAMPIGNON.

Les champignons sont, de toutes les substances végétales, celles qui possèdent à volume égal le plus de propriétés nutritives.

Les champignons, par la nature de leur composition, participent à la fois des matières animales et des matières végétales. Ils se rapprochent même beaucoup plus des premières que des dernières, si l'on en croit l'analyse chimique. Du reste, les amateurs de champignons savent parfaitement qu'il faut en user avec sobriété si l'on ne veut pas s'exposer à l'indigestion.

La plupart du temps, certaines personnes mangent des champignons comme ils mangeraient des légumes, et il s'ensuit des accidents, parce que ces substances égalent presque la viande. Comme elles sont plus faciles à ingérer et qu'elles ont l'attrait de la rareté, on est assez disposé à en abuser. Mais l'estomac, qui a ses poids et ses mesures et qui prend les aliments pour ce qu'ils valent, fait le compte et le décompte.

Au résumé, il faut attribuer aux champignons une valeur nutritive considérable, soit au point de vue de l'alimentation et du parti que l'on peut en tirer, soit comme hygiène. Le champignon est de digestion facile ; mais à la condition de le considérer comme de la viande.

Nous recommanderons, surtout aux amateurs, de ne jamais manger de champignons à moitié cuits, comme cela arrive fréquemment ; ils sont, alors, très-indigestes. Il faut qu'ils soient entièrement cuits et suffisamment assaisonnés ou relevés.

Les champignons fournissent des ressources innombrables aux cuisinières, dans toutes les saisons. Ils peuvent entrer dans toutes les préparations culinaires, en quelque sorte, et pour peu qu'une ménagère veuille s'en donner la peine, elle en tire un excellent parti en les employant, soit seuls, soit associés à divers autres aliments.

Le champignon le plus généralement cultivé est le Champignon comestible (*Agaricus edulis*). Tous les autres peuvent également l'être ; mais celui-ci croissant naturellement dans le fumier en décomposition, cela a donné la pensée de le multiplier. Aussi en a-t-on négligé d'autres qui lui sont bien préférables. Nous allons donc donner la description de la méthode employée par les maraîchers de Paris pour se procurer celui-ci.

Culture du Champignon comestible.

CHOIX ET PRÉPARATION DU FUMIER.

Le champignon de couche se multiplie dans le fumier de cheval, la bouse de vache, la tannée, etc. Les maraîchers de Paris préfèrent le premier comme le plus sûr, le plus économique et le plus productif. C'est donc par lui que nous allons commencer.

Choix du fumier. — Le fumier qui doit être préféré pour la production du champignon est le fumier de cheval nourri de foin et d'avoine. Celui qui provient des chevaux au vert ou qui mangent beaucoup de son et de légumes ne vaut rien. Plus il contient de crottin, meilleur il est ; cependant, la paille n'est pas nuisible, pourvu qu'elle soit bien imprégnée d'urine. L'herbe, le fourrage qui y sont mêlés seront écartés avec soin, ainsi que les pailles sèches.

Préparation du fumier, mise en tas. — Choisissez un endroit bien nivelé et étalez-y du fumier sur, au moins, un mètre carré. Faites-en une couche de 25 centimètres d'épaisseur et piétinez-la ; puis arrosez de manière qu'il y ait de l'humidité partout. Faites une seconde couche de 25 centimètres, piétinez et arrosez de nouveau. Continuez ainsi jusqu'à ce que le tas ait un peu plus d'un mètre 20 centimètres de hauteur; car s'il était moins haut, il ne se ferait pas. On ne réussit qu'autant que l'on opère sur une certaine quantité.

Ayez soin de bien mélanger le crottin avec la paille, afin que la masse soit homogène. Quand le tas sera terminé, peignez-le, et renfoncez à coups de bêche les pailles longues qui ressortent et parez bien les quatre côtés. Cela fait, couvrez le tas avec des paillassons pour empêcher la pluie de le mouiller ou le soleil de le dessécher. Évitez que les animaux le renversent ou que les poules le grattent et le dispersent.

Si vous voulez vous assurer du degré de chaleur de votre tas, enfoncez-y un bâton pointu de façon qu'il y entre jusqu'au centre où est le foyer de chaleur et assurez-vous tous les jours de la marche de la température en le retirant et le touchant. Généralement, au bout de huit jours, la chaleur a baissé; mais, qu'elle soit forte ou non, il faut procéder au remaniage.

Premier remaniage. — En empilant le fumier on a dû niveler le sol sur une surface assez grande pour pouvoir changer le tas de place, alors du remaniage. Cela entendu, enlevez la couche supérieure du premier tas et étalez-la pour en faire la couche inférieure du second ; mais en ayant le soin de mettre au centre du tas le fumier qui était sur les côtés et *vice versâ*, de manière que la place que chaque partie occupait soit l'inverse de celle occupée dans le second tas. Piétinez et arrosez comme la première fois.

Si vous rencontrez des parties sèches ou moisies, mettez-les de côté, secouez-les pour les diviser, mouillez-les séparément et placez-les au centre du tas. S'il y a des parties très-humides, on les met sur les côtés et non au centre.

Continuez ainsi jusqu'à ce que vous arriviez à la dernière couche en opérant comme la première fois. Peignez, parez et recouvrez. Sept ou huit jours après il faudra procéder au second remaniage.

Deuxième remaniage. — Le second remaniage se pratique absolument comme le premier. Le fumier aura déjà changé de couleur, et il aura perdu de son volume. On le repasse dans l'emplacement qu'il occupait primitivement, on peigne, on couvre, et on attend six ou sept jours seulement. Du reste, il faut consulter le degré de température, comme nous l'avons dit plus haut. Si on s'aperçoit que la chaleur diminue sensiblement, il faut ne pas dépasser le sixième jour.

Troisième remaniage. — Ce remaniage doit se

faire comme les autres. On devra déjà trouver le
fumier brun et doux à la main. S'il n'est pas assez
humide, on mouillera comme aux remaniages précédents ; mais si l'on voyait qu'il le fût suffisamment, il faudrait arroser un peu moins ; car s'il y
a quelque chose à craindre, par-dessus tout, c'est
de trop mouiller.

Après le troisième remaniage, c'est-à-dire, cinq
ou six jours après qu'il a été fait, le fumier doit
être bon à employer. On s'en assurera facilement
en découvrant le milieu du tas et en tirant d'une
profondeur de 40 à 50 centimètres un peu de fumier. S'il est brun, onctueux et doux au toucher,
légèrement humide, et qu'en le prenant, il ne
mouille pas la main, qu'il soit encore à une température assez élevée, sans être chaude (de 30
à 35 degrés R.), il a toutes les qualités requises.

S'il n'était pas dans cet état, qu'il fût trop sec
ou trop humide, il faudrait lui faire subir un qua-
trième remaniage. Trop humide, il faudrait ne pas
l'arroser ; trop sec, il faudrait au contraire le
mouiller suffisamment. Ce remaniage devrait
alors ne durer que trois ou quatre jours.

Si le fumier était suffisamment chaud et humide, sans cependant avoir assez d'onctuosité, on
pourrait le laisser quelques jours encore, sans le
remanier.

On s'assurera, trois jours plus tard, si le travail
continue, en sondant de nouveau le tas. Par la

pratique, on acquiert vite les connaissances nécessaires pour apprécier sûrement le moment opportun pour faire les couches ou les meules.

Formation des couches et des meules.

Qu'est-ce qu'une couche ? qu'est-ce qu'une meule ? Voilà ce qu'il faut savoir, et sur quoi il faut s'entendre avant d'aller plus loin.

Pour les champignonnistes, en général, couche est synonyme de meule. Pour quelques-uns, la couche est identiquement la même que celle des jardins, que ce soit une couche à melons ou toute autre couche; tandis que la meule est la couche faite non à l'air libre, mais en cave, quelles que soient du reste sa position ou sa forme.

Nous acceptons cette dernière définition, et nous disons : la *couche* à champignon est celle qui se fait à l'air libre ou à ciel ouvert, la *meule* est la couche faite en cave ou à l'abri des intempéries.

La couche, exposée aux influences atmosphériques, ne peut donc subsister que pendant la belle saison, tandis que la meule peut durer tout l'hiver, et c'est même son unique ou sa principale destination.

Nous allons donc séparer les deux méthodes, afin d'être plus clair et plus précis, en commençant par les meules, comme ayant un plus grand intérêt que les couches.

Meules. — Il y a deux sortes de meules, celles qui se font contre les murs, et celles qui s'établissent au milieu des caves. Les premières sont en forme d'ados, les secondes sont plates comme les couches de jardin.

Voici comment on procède pour les établir :

Pour monter une meule de milieu, il faut faire un lit de fumier de 10 centimètres d'épaisseur sur une largeur de 85 à 90 centimètres, en le secouant pour le bien diviser ; puis on le piétine fortement pour le tasser régulièrement. Cela fait, on recommence un, deux, trois et quatre nouveaux lits, en piétinant à chaque fois, et on monte la meule jusqu'à une hauteur de 50 centimètres, en lui donnant la forme d'un demi-cercle un peu aplati à sa partie supérieure.

Il est essentiel que la meule soit bien piétinée ; si elle était élastique et molle, il n'en faudrait rien attendre. Pour la tasser on doit employer les genoux, les mains, les pieds, selon la position que l'on occupe et la partie de la meule que l'on exécute. La fourche est tout à fait insuffisante.

Cela fait, on peigne la meule avec le râteau, on la bat tout autour avec le dos d'une bêche, pour en unir les côtés, et l'opération est terminée.

Pour faire une meule contre les murs, on opère

de même ; seulement on lui donne, à la base, une largeur de 70 centimètres et 50 centimètres de hauteur contre le mur ; on l'établit en forme d'ados ou de quart de cercle, de manière que le fumier se tienne solidement et ne retombe pas. Toutefois, il faut observer que les premières couches doivent être montées presque perpendiculairement, jusqu'à une hauteur de 20 centimètres, afin que la masse de fumier soit plus forte, et que la meule ne soit pas trop pointue en haut. Nous préférons la forme que voici : largeur de la base, 70 centimètres ; hauteur, 55 centimètres ; largeur en haut, 25 centimètres. De cette manière, la meule a la forme d'un triangle tronqué, mais on lui donne aisément celle d'un ovale, en battant l'angle à l'aide de la bêche, pour l'arrondir.

Lardage. — Le lardage est l'opération par laquelle on introduit le blanc dans la meule.

Le lardage doit se faire aussitôt que le coup de feu de la meule est passé, soit trois, quatre ou cinq jours après qu'elle est montée ; car si le blanc était mis immédiatement après le montage, il pourrait être brûlé par le coup de feu, attendu qu'il arrive quelquefois que la température s'élève encore au delà de 50 degrés Réaumur, ou 62 centigrades.

On devra donc s'assurer de la marche de la fermentation du fumier ; aussitôt la meule faite, on y placera un bâton pointu, et tous les jours on le consultera pour savoir si la température s'élève. Si au troisième jour elle n'est que douce, on pourra procéder au lardage, comme nous allons l'indiquer.

Toutefois, il est bon de tenir noté de ceci : le lardage fait sur une meule froide ne produit jamais rien de bon.

Pour larder, il faut ouvrir avec la main un trou de cinq centimètres de profondeur, au tiers de la hauteur de la meule, en soulevant doucement le fumier, sans le déplacer, et on y introduit un morceau de blanc d'environ dix centimètres carrés au plus, si les *galettes* sont larges; puis on retire la main, on rabat le fumier pour boucher le trou, et on le presse. A vingt-cinq centimètres plus loin, en suivant la ligne horizontale, on répète l'opération, et cela jusqu'au bout de la meule. Arrivé à l'extrémité, on recommence la seconde ligne au second tiers de la hauteur, et on termine en faisant un lardage à la partie supérieure, toujours en suivant le sens horizontal ou la longueur de la meule. De cette manière il y a trois rangs de *galettes* à des distances égales, dont le plus élevé se trouve, environ, à 10 centimètres de la surface de la meule.

Quand le lardage est terminé, il faut repasser la meule d'un bout à l'autre et s'assurer que le fumier soulevé est bien rabattu, remis en place, et

qu'il porte intimement partout sur le blanc, faute
de quoi l'opération serait incomplète et la reprise
compromise. Il est donc utile de presser, soit avec
la main, soit avec le dos de la bêche sur toute la
ligne, et de rendre la surface de la meule aussi
unie qu'elle l'était avant le lardage.

Il est essentiel, à partir de ce moment, que la
meule soit à l'abri du froid, de la lumière, des
insectes et des animaux de toute nature. Il faut
qu'il règne une température douce et régulière qui
ne descende pas au-dessous de 10 à 12 degrés
Réaumur (13 à 15 centigrades).

Goptage. — Trois semaines environ après le
lardage, si on soulève le fumier dans l'endroit où
l'on a placé les galettes de blanc, on aperçoit des
filaments blancs qui ont traversé la galette et qui
se sont allongés jusque dans le fumier de la meule.
Alors, on dit que la meule a *pris le blanc*. La végétation s'est réveillée et la plante croît et végète, il
faut gopter.

Mais si les galettes n'ont pas blanchi, si le blanc
ne s'est pas développé, si les filaments (le mycélium) ont noirci, la plante est morte, l'opération
est manquée. Il faut se hâter de remettre du blanc
nouveau et rapporter 20 à 25 centimètres de fumier
chaud et neuf pour réchauffer la meule et la tenir
dans une température douce pendant quinze jours

au moins; après quoi on goptera, comme nous allons le dire.

Quand on est bien certain que le blanc est revenu à la vie, qu'il végète, on peut sans crainte procéder au goptage.

Gopter, c'est couvrir toute la surface extérieure de la meule d'une couche de terre vierge d'une épaisseur de 4 centimètres environ.

Pour cela, on fait un trou dans un jardin, ou partout ailleurs, de 50 centimètres de profondeur et on en extrait autant de terre qu'il en faut pour gopter. Que ce soit de la terre végétale, du sable fin, ou toute autre terre, peu importe : l'essentiel, c'est qu'il n'y ait pas de graine, et que, terre ou sable, ce soit assez fin, assez meuble, pour que les champignons puissent se faire jour facilement à travers. Toute terre compacte, forte, pierreuse ou argileuse doit être rejetée.

Dans les champignonnières de Paris, on emploie le *cran*, blanc ou jaune, sorte de sable gypseux, qui est complètement infertile. Les sables siliceux ou marneux sont également bons.

Le but qu'on se propose en employant de la terre vierge est d'éviter la germination de graines qui produiraient des plantes qu'on serait forcé d'arracher, opération qui ne pourrait avoir lieu sans détruire les champignons.

Après le goptage, quelques champignonnistes recouvrent les meules avec de la paille ou de la litière sèche, jusqu'à ce que les champignons commencent à sortir; nous croyons ce soin complétement inutile.

Le goptage terminé, il faut attendre vingt à vingt-cinq jours, selon les circonstances, avant de voir apparaître les *grains* de champignons, espèces de petits globules qui sortent à la surface de la meule.

Huit jours après que les grains ont paru, on commence à apercevoir les *rochers*, c'est-à-dire les jeunes champignons qui bientôt seront bons à récolter.

Couches à l'air libre. — Pour faire des couches à l'air libre, il faut procéder de la même manière que pour les meules, avec cette différence qu'on creuse le sol de 25 à 30 centimètres s'il est sec; s'il est humide et compacte on doit se borner à faire la couche sans l'enterrer.

Trois choses essentielles sont à observer :

1° Il faut que la couche soit complétement ombragée soit par des paillassons, soit par tout autre moyen, de manière que ni le soleil ni la pluie ne pénètrent jamais jusqu'à elle;

2° Le contact de l'air desséchant le fumier, il est indispensable d'arroser fréquemment la couche, pour y entretenir une humidité constante, mais pas assez forte pour pourrir le blanc ;

3° On doit appliquer une chemise de paille

3

fraîche sur toute l'étendue de la couche aussitôt après le goptage pour conserver l'humidité, et empêcher la lumière d'arriver jusqu'aux champignons, ce qui en arrête la croissance ou leur nuit beaucoup.

Lors de la récolte, il ne faut jamais soulever entièrement la chemise inutilement, dans la crainte que la lumière et les courants d'air frappent directement sur les jeunes champignons.

Les couches à l'air libre doivent avoir 50 centimètres de hauteur et 1 mètre de large. On les fait en dos d'âne comme les couches à melons. On peut aussi faire des meules contre les murs, en forme d'ados, comme nous l'avons dit plus haut pour les meules adossées aux murailles des caves. Mais, alors, il est indispensable de les faire à l'exposition du nord.

Récolte du champignon. — Quels que soient les soins dont on entoure l'ensemble des manipulations destinées à assurer la récolte des champignons, personne n'est certain de la réussite. En effet, elle tient à tant de causes indépendantes de la volonté, de la pratique, que même les champignonnistes les plus exercés voient souvent des couches ou des meules *bouder* entièrement, et ne pas produire un seul kilogramme de champignons.

Aussitôt que le moment de la récolte approche,

il faut redoubler de soins pour empêcher les courants d'air et la lumière directe d'arriver jusque sur les meules ; rien ne leur est plus nuisible que les brusques transitions du chaud au froid, de l'obscurité à la lumière. Dans les caves, fermez donc tous les soupiraux, les portes, calfeutrez tout et récoltez vos champignons avec une lanterne ou une bougie.

Si vous récoltez sur des couches en plein air, soulevez la chemise doucement de place en place et rabattez-la doucement ; faites la récolte le plus promptement possible.

Il est assez difficile de préciser le moment où l'on doit récolter le champignon, c'est-à-dire l'époque de la maturité. Il y en a de gros et de petits qui sont du même âge : les gros ne sont pas les meilleurs généralement. Quand un champignon a le chapeau détaché du pédicelle et qu'il en est écarté d'un centimètre, il est temps de le cueillir. Pour qu'il soit de garde, il faut que son chapeau ait conservé sa forme ronde et que ses feuillets ou lames soient blancs ou rosés. Un champignon dont le chapeau est étalé en forme de parasol, doit être rejeté ; à plus forte raison quand, de bombé, il devient concave, comme une tulipe : il est alors indigeste et dangereux.

On doit faire la récolte tous les deux jours. Pour cela, il faut prendre le champignon par le pédicelle, entre le pouce et l'index, et le tourner de droite à gauche, ou de gauche à droite et l'enlever. Quand le pédicelle est trop court, il faut saisir le champignon par le chapeau et le faire tourner sur lui-même très-doucement une fois à droite, une fois à gauche et le détacher; puis on remplit le trou avec de la terre.

Quand plusieurs petits champignons sont adhérents à celui qu'on vient de récolter, il faut les détacher, faire un trou avec le doigt dans une place vide sur la meule, et les y planter en les enfonçant de trois centimètres; puis on remet de la terre dessus, c'est-à-dire de la terre du goptage que l'on prend au pied de la meule; puis on les arrose légèrement. Quinze jours ou trois semaines après ils sont bons à cueillir.

Quand il pousse de fortes touffes de champignons, on peut en arracher une partie et les repiquer comme nous venons de le dire. Pour bien réussir cette opération il faut que les champignons ne soient pas trop gros et qu'ils portent du blanc au pédicelle; autrement on n'obtiendrait pas de résultat.

Si après six semaines ou deux mois de récolte, une meule vient à *bouder*, il faut donner de l'air, arroser avec de l'eau nitrée jusqu'à ce que la terre soit imbibée au niveau du fumier, mais sans que celui-ci soit mouillé à plus de 2 ou 3 centimètres. On étale une forte couche de paille, et on referme.

Pour cet arrosage, on fait dissoudre 500 grammes de nitrate de soude (salpêtre) dans 30 litres d'eau, ou 40 au plus.

Les champignonnistes ne recourent jamais à ce moyen; aussitôt qu'une meule boude, ils la démontent. Nous n'indiquons ce procédé que pour les ménages, ou pour faire attendre qu'une meule nouvelle vienne remplacer par ses produits celle qui est épuisée ou entravée.

Des différents modes de culture des champignons.

Il y a plusieurs manières de cultiver les champignons. Bien que celui que nous venons de décrire soit le meilleur en ce qu'il donne des champignons en abondance, nous allons en citer quelques autres à titre de renseignement, qui pourront peut-être trouver leur application dans certains cas.

Couches de tannée. — Faites un tas de tannée et un tas de fumier de cheval : piétinez, arrosez-les, et couvrez-les. Laissez-les fermenter pendant huit ou dix jours.

Ouvrez une tranchée de 1 mètre de profondeur sur autant de largeur, et mettez au fond un lit de fumier de 50 centimètres, puis un lit de tannée

de 20 centimètres sans piétiner. Remettez un lit
de fumier de 30 centimètres, et un lit de 5 centimètres de tannée et enfin 5 centimètres de fumier.
Couvrez et trois semaines après remettez 5 centimètres de tannée et 5 centimètres de crottin de
cheval ou d'âne bien émietté, piétinez fortement et
mettez le blanc sous le crottin ; puis couvrez.

Au bout de dix ou douze jours, on arrose avec
de l'urine de cheval et on met la chemise. Six
semaines après, les champignons paraissent.

Au lieu de larder après la prise du crottin, nous
conseillons de poser le blanc à plat sur la tannée
et de placer le crottin ensuite. L'opération es
beaucoup plus facile.

Méthode anglaise. — Voici comment on cultive
le champignon en Angleterre.

On choisit, dans un tas de fumier de cheval, le
crottin, en écartant la paille qui ne doit pas être
employée.

On émiette le crottin et l'on en fait, dans un endroit abrité, une meule de 25 centimètres d'épaisseur, sur 60 centimètres de large. On l'arrose légèrement, on la piétine pour la réduire de moitié
et on la laisse dans cet état pendant quinze jours
environ. Elle s'échauffe et fermente un peu. Aussitôt que la chaleur diminue, on peut y mettre le
blanc, alors même qu'il n'y aurait que dix ou
douze jours qu'elle serait faite.

Pour mettre le blanc, il suffit de glisser les galettes de distance en distance, soit à 30 centimètres en tous sens, à une profondeur de 5 centimètres, de reboucher exactement les trous et de presser pour rétablir les parties soulevées au niveau du reste de la meule.

Cela fait, on répand 1 ou 2 centimètres de terreau fin, et l'opération est terminée. Ces meules se gouvernent, du reste, comme les autres.

On peut, si on le désire, multiplier ces meules dans le même local. Pour cela, on fait placer des rayons en planches de 50 en 50 centimètres de hauteur, et on fait ainsi trois, quatre et même cinq meules superposées.

Il n'est pas rare de voir cette culture ainsi faite en Angleterre. On pousse si loin le désir de se procurer des champignons que, dans certains hôtels, il y a des buffets, des armoires, des commodes, dont les tiroirs sont remplis de crottin à cet effet. L'odeur dégagée parfois par ces meules est si forte qu'elle incommode les gens qui sont obligés de séjourner dans les pièces où sont ces meubles et que même les gaz qui s'en échappent font tourner les sauces.

Méthode belge. — Procurez-vous de la bouse de vache, étalez-la sur le sol au soleil ; faites-la sécher en la retournant et la brisant. Quand elle est parfaitement sèche, on la pulvérise en la battant avec un bâton ou un fléau, on en extrait les pailles qui s'y trouvent et on en fait des meules comme pour la méthode anglaise.

En montant la meule, comme la bouse est sèche, il faut la ramollir en l'arrosant avec de l'eau dans laquelle on a fait dissoudre du sel de nitre dans la proportion de 10 grammes par litre, mais pas assez pour la mettre en pâte. Il suffit qu'elle soit humide partout.

On pose le blanc de suite et aussitôt la couche faite.

On se comporte, du reste, comme pour les meules à l'anglaise, et on arrose de temps en temps avec de l'eau nitrée, comme ci-dessus.

Culture en pleine terre des champignons les plus estimés et les plus productifs.

Les champignons cultivés en pleine terre sont l'Agaric atténué, le Mousseron, le Palomet et le Preuvet. Tous les autres pourraient l'être également.

Agaric atténué. — Cette culture est l'une des plus singulières ; voici comment elle est pratiquée dans l'ouest : on scie des rondelles de peupliers fraîchement abattus, de 3, 4 ou 5 centimètres d'épaisseur ; on les frotte d'un côté avec les feuillets de l'Agaric atténué parvenu à son maximum de croissance et on les place dans un endroit sec.

Après l'hiver, on enterre ces rondelles 15 centimètres les unes des autres, dans un sol léger et frais, suffisamment aéré, à une profondeur de 3 à 4 centimètres au plus, en ayant le soin de placer en haut la surface recouverte de champignons.

Bien que ces rondelles soient placées à l'ombre, le sol se dessèche par les chaleurs. Il faut donc recourir aux arrosages pour entretenir l'humidité dans la champignonnière, et à l'automne les champignons commencent à paraître. On les récolte et ils repoussent abondamment jusqu'à l'hiver.

Il est probable que l'on pourrait obtenir le même résultat avec toute espèce de bois poreux, bois blanc, tel que le sapin, le mûrier, l'acacia, le tremble, le saule, l'aulne, etc., etc.

Mousserons. — Pour établir une mousseronnière, il faut creuser une tranchée de 25 centimètres de profondeur, et la remplir aux deux tiers de feuilles ; puis on mélange de la terre légère avec du vieux terreau de couche, en parties égales, on tasse légèrement, puis on arrose. Cela fait, on se procure des mottes de mousserons qu'on repique, en faisant un trou capable de les contenir ; on les met

3.

en place et on arrose de nouveau. Les mousserons ne tardent pas à pousser.

Pour enlever les mottes, il faut choisir les groupes les plus nombreux, puis on découpe le sol tout autour et en dessous et on transporte ainsi le tout, motte, champignons et gazon, qu'on transplante avec soin.

Il faut de toute nécessité que la mousseronnière soit ombragée, soit naturellement, soit artificiellement, et y entretenir une humidité constante, mais faible.

Si l'on n'a pas de terreau de couche, il faut se procurer de la bouse de vache ou du vieux crottin que l'on mélange à la terre. Dans ce cas on peut avoir quelques champignons de couche, mais le mousseron a bien vite pris le dessus.

Souvent les couches ainsi faites ne donnent qu'à la seconde année. — Elles durent souvent six à huit ans.

Nous avons vu reproduire le mousseron d'une manière plus simple encore; les gardes forestiers grattent la surface du sol sous les bouleaux, les coudriers, les chênes, les genévriers, pour enlever les mousses ou les herbes, et donnent quelques coups de pioche, nivellent le terrain et y repiquent des mousserons en mottes. L'année suivante, ils récoltent.

Palomet. — Les habitants des Landes consomment une énorme quantité de palomet. Voici comment ils procèdent pour le reproduire.

Ils ratissent le sol sous les bosquets de chênes verts, puis ils l'arrosent largement avec de l'eau où ils ont fait bouillir, pendant quinze minutes, dans de grands chaudrons, des palomets parvenus à toute leur croissance, dans une quantité d'eau suffisante. Ils recommencent cette opération autant de fois qu'il le faut pour humecter et couvrir tout ce terrain, et cela fait, ils l'entourent d'une palissade pour le défendre contre les attaques des bestiaux qui mangent le palomet avidement.

L'eau est employée après qu'elle est refroidie et on jette sur le sol, avec elle, tous les débris de champignons bouillis.

Nous pensons qu'il est sinon nuisible du moins inutile de faire bouillir les palomets. Il serait, sans doute, préférable de les écraser dans l'eau, de les y laisser macérer pendant vingt-quatre heures, par exemple, d'agiter le tout ensemble et d'opérer comme ci-dessus.

Si l'ébullition ne tue pas le germe de la graine du palomet c'est parce qu'elle résiste à cette température comme d'autres graines; mais beaucoup n'y résistent pas.

On sème tous les ans du palomet; car les places ainsi préparées ne durent pas davantage, probablement parce qu'on récolte tout ce qui y pousse et qu'on n'en laisse pas pour l'ensemencement nouveau.

On cultive de même le bolet comestible.

Preuvet. — Cette culture est peu usitée et, par conséquent, peu connue. Nous savons que certains gardes forestiers le reproduisaient, il y a vingt-cinq ans, dans la forêt de Châtillon-sur-Seine (Côte-d'Or). Il paraît même qu'aujourd'hui, dans l'Yonne, il y a aussi quelques individus qui s'en occupent.

Voici comment les gardes dont nous venons de parler s'y prenaient, si nous avons été bien renseigné :

Ils ramassaient des feuilles à l'automne et les mettaient en tas qu'ils recouvraient de terre, ou qu'ils enfouissaient dans une tranchée. Après l'hiver, ils mélangeaient la terre et les feuilles et y ajoutaient un peu de frasil (débris de charbon de bois des places à fourneaux), quand ils pouvaient s'en procurer, puis ils en faisaient une couche de la manière suivante :

Ils ouvraient, dans un endroit ombragé près des chênes ou des hêtres, une tranchée de 80 centimètres de largeur sur 40 centimètres de profondeur et ils la remplissaient, jusqu'au niveau du sol, avec le mélange ci-dessus, puis ils tassaient légèrement avec les pieds. Sur cette couche, ils plaçaient du blanc de preuvet desséché qu'ils avaient conservé depuis l'automne. Ils arrosaient avec des eaux des mares ou des ornières, de préférence, puis ils remettaient 10 centimètres du mélange et couvraient le tout avec des feuilles. Les preuvets paraissaient à la fin de l'été.

On nous a dit, qu'indépendamment du blanc, ils répandaient, sur la couche, des preuvets pourris qu'ils avaient mélangés à du sable et conservés au grenier pendant l'hiver.

Nous pensons qu'on pourrait établir ces couches comme il vient d'être dit, et les ensemencer avec du blanc frais et des champignons récoltés dans toute leur maturité. Il y aurait moins de travail et l'opération serait simplifiée.

Nous engageons vivement les amateurs à essayer de reproduire le preuvet; c'est, comme nous l'avons dit, le meilleur de tous les champignons. Nous l'estimons à l'égal de la truffe.

Du blanc de Champignon.

MANIÈRE DE LE PRODUIRE.

La chose la plus importante pour la reproduction des champignons de couche, c'est le bon blanc. Or, la plupart du temps, on emploie celui que l'on trouve quand on démonte les vieilles

meules. Ce blanc est toujours plus ou moins
épuisé : on ne doit donc compter que médiocre-
ment sur lui pour obtenir une bonne récolte ;
aussi engageons-nous les personnes qui tiennent
à une réussite certaine à employer le blanc vierge
de préférence.

Pour produire le blanc vierge, voici comment
on doit procéder :

On ouvre, au pied d'un mur exposé au nord,
une fosse de 50 à 60 centimètres de profondeur,
on nivelle le fond et on y dépose, à 25 centimètres en tous sens, de petites galettes de blanc de 7
à 8 centimètres carrés. Cela fait, on étale du
fumier, préparé comme nous l'avons dit pour
faire les meules à champignons, sur le blanc. On
en place d'abord un lit de 5 centimètres, puis un
second lit de 10 centimètres en égalisant toujours,
et, enfin, un dernier lit de 15 centimètres, ce qui
fait 30 centimètres. Alors on piétine pour réduire
la couche de fumier à 15 centimètres et on remet
la terre extraite.

En l'espace d'un mois, au plus, le mycélium
s'est étendu, a végété et envahi la couche de
fumier tout entière qui est devenue une masse
de blanc. On peut, alors, relever le fumier par
couches, et placer ces galettes l'une à côté de
l'autre soit dans un grenier aéré, soit sous un
hangar, pour l'y faire dessécher. Quand il est
sec, on le met dans des paniers qu'on suspend,

afin que les souris et les rats ne le mangent
pas.

Bien que le blanc, ainsi obtenu, soit le produit du mycélium d'une meule ou d'une couche
qui a produit, il n'en est pas moins du blanc neuf,
ou vierge, puisqu'il n'a pas produit lui-même et
qu'il se renouvellera complétement dans la meule
où il sera employé.

Maladie des Champignons.

Les champignons de couche sont sujets à deux
maladies : la *rouille* et la *molle*.

La rouille se reconnaît aux taches que l'on
remarque sur le chapeau, ce qui rend le champignon invendable, bien qu'il ne soit pas autrement
altéré, car dans cet état il n'est pas vénéneux et
il possède encore toutes ses qualités, mais cela
lui enlève le coup d'œil et toute sa fraîcheur. Cette
maladie est due à l'excès d'humidité. Il faut donc
faire cesser la cause au plus vite.

La molle est une maladie beaucoup plus grave.
Le champignon qui en est atteint conserve son
odeur et sa couleur, mais il devient flasque, mou
et se déforme. Il est insipide et spongieux ; dans
cet état, quoique non vénéneux, il n'a plus de

propriété alimentaire; il ne peut plus être servi sur la table ni mêlé à aucun mets.

Quand une meule est atteinte de cette maladie, il faut enlever tous les champignons malades, faire un trou de 15 centimètres de profondeur et de 10 centimètres plus large que l'espace occupé par les champignons malades, verser dans le trou un peu d'eau nitrée à raison de 20 grammes par litre, dans le fond et sur les bords du vide, remplir le trou avec de la terre ou du terreau et un peu de cendre.

Si le mal a envahi toute la surface d'une meule, il faut la démonter au plus vite, car la maladie gagnerait les autres et tout serait perdu.

Quelques auteurs parlent d'une troisième maladie du champignon, si l'on peut appeler cela une maladie. Bien que nous n'ayons jamais été témoin de ce fait, nous le citons.

Le tonnerre et les éclairs, dit-on, font périr tous les champignons naissants. Là s'arrête le mal. On les extrait, on les jette, et le mal a cessé; il reparaît quinze jours après de nouveaux champignons très-sains.

Ennemis des Champignons

MOYENS DE LES DÉTRUIRE.

Les ennemis des champignons sont : les rats, les souris, les mulots, les limaces et limaçons, les cloportes et les moucherons.

Rats, souris et mulots. — Pour les détruire, il suffit de placer, de distance en distance sur les meules, des croûtes de pain grillé sur lesquelles on a étendu une légère couche de pâte phosphorée. Comme ceux qui en ont pris une faible quantité ont été malades, ils n'y touchent plus ; il faut leur offrir un appât nouveau. On fait alors griller de petits morceaux de lard et on les saupoudre de noix vomique. S'il en reste encore, on prend ces durs à cuire avec une omelette au lard haché menu, dont on saupoudre un côté avec de la noix vomique ou de la pâte phosphorée. C'est en variant les *mets* qu'on finit par les détruire tous.

Limaces et limaçons. — Faites de petits tas de son de blé de distance en distance, et les limaces et limaçons viendront s'y empêtrer. Il suffit alors de les prendre en les embrochant, ou, s'ils sont petits, de les ramasser avec une pelle à main et de les écraser. On peut encore faire des lignes de cendre, de plâtre en poudre, pour les empêcher d'arriver jusqu'aux meules. Comme ils s'y embarrassent, il est facile de les prendre et de les détruire. La paille hachée menue, mêlée avec de la sciure de bois, atteint également le but.

Cloportes. — Les cloportes mangent une quantité considérable de champignons. Comme ils se multiplient rapidement dans les caves, surtout dans les meules, il faut les détruire complétement avant de les monter. C'est une mesure préventive qui est la meilleure de toutes; car, une fois les meules envahies, il est fort difficile de se débarrasser de ces insectes malfaisants, qui rongent tout avec une voracité extrême.

Quand on voudra monter des meules dans une cave, un cellier, un hangar ou tout autre endroit qui sera habité par des cloportes, il faudra d'abord détruire tout ce qu'on pourra. A cet effet, on y enferme les poules; on y brûle de la paille, du soufre, en ayant soin de tenir les portes fermées, jusqu'à ce qu'on n'en aperçoive plus. On balaye alors les murs, les voûtes, l'aire ou le pavé, et on livre tous les cadavres à la pâture des volailles.

Une fois les meules montées, s'il en reste encore, il faut recourir à un autre procédé. On mouille des linges, on les tord, et on les place le soir sur les meules ; le lendemain matin, de bonne heure, on soulève ces linges et on trouve les cloportes dessous. On s'empresse de les ramasser et de les jeter dans un vase plein d'eau, puis on les écrase immédiatement.

Moucherons. — Les moucherons ne détruisent pas les champignons, mais les salissent en se posant dessus, ce qui est nuisible à la vente et leur ôte leur beauté. Pour s'en débarrasser, il suffit de placer dans la cave, qui doit être obscure, quelques chandelles, et les moucherons viennent s'y brûler. En répétant cette opération plusieurs jours de suite, on finit par les détruire complétement.

Moyens de reconnaître les bons champignons d'avec les mauvais.

On a beaucoup écrit pour décrire les champignons et faire distinguer les bons d'avec les mauvais, et cela inutilement ou à peu près ; c'est-à-dire que, pour quelqu'un qui n'en fait pas une étude spéciale, il peut y avoir confusion.

Nous sommes loin de nier l'utilité des descriptions ; mais il ne faut pas se croire capable de distinguer, à leur aide seule, les champignons et de pouvoir les classer exactement. Il faut une longue pratique des lieux où l'on fait la récolte pour être bien sûr de ne pas se méprendre, à plus forte raison quand il s'agit d'apprécier à la simple inspection la qualité vénéneuse ou inoffensive d'un champignon.

A en croire certaines gens et même certains auteurs, il suffit de quelques expériences bien simples pour s'assurer de l'innocuité d'un champignon. Ainsi :

Si un champignon est entamé par les limaces ou les rongeurs ;

Si les sangliers, les porcs, les bêtes à cornes, etc., mangent un champignon ;

Si un champignon, en cuisant, ne tache pas la cuiller d'argent qu'on y plonge ;

Si un oignon mis dans la sauce ne noircit pas ;

Si les champignons ne font pas tourner le lait que l'on met dans la sauce ;

Si, etc., etc., ces champignons sont considérés comme non vénéneux, et on peut les manger en toute sécurité.

Erreur !

Si vous ne vous y connaissez pas, ne mangez que des champignons de couche. — Si vous voulez étudier les champignons, mangez-en 20 grammes, et si vous n'êtes pas incommodé, doublez la dose et ainsi de suite ; ou essayez sur les chiens. Avec 20 grammes, il est impossible de s'empoisonner dangereusement, et cette quantité suffira pour que l'on puisse apprécier la qualité d'une variété. C'est toujours cuit sur le gril ou dans le beurre que ces essais doivent être faits. Si, dès le début, on s'aperçoit, à la dégustation, que le champignon qui fait l'objet de l'essai a une saveur âcre, brulante ou nauséabonde, il faut s'arrêter sans aller plus loin.

En général, les bûcherons connaissent parfaitement le champignon comestible de la localité ; or, ne vous en rapportez qu'à eux si vous voulez n'être pas trompé. Il est vrai qu'ils ne connaissent guère que celui qui est le plus abondant et le meilleur ; mais méfiez-vous de ceux qu'ils vous signaleront comme malfaisants : ils se trompent bien rarement.

Empoisonnement par les champignons. — Moyens de le combattre.

Ce n'est guère que de dix à seize et même vingt-quatre heures après que ceux qui ont mangé des champignons vénéneux en sont incommodés. Les symptômes ordinaires qu'ils éprouvent sont des nausées, des défaillances, des envies de vomir, de la soif, des sentiments de suffocation, des coliques, le gonflement du ventre, et dans les derniers instants la stupeur, le vertige, l'assoupissement, le délire, des crampes, des convulsions, le froid des extrémités, la faiblesse du pouls. Du troisième au sixième jour, la mort vient terminer ces douleurs.

Ici, nous sortons de notre cadre et de notre compétence ; aussi nous donnons la parole à un homme compétent, en le citant textuellement ; c'est ce que nous pouvons faire de mieux :

Faites prendre au malade : « Émétique à la dose ci-dessus (un grain), le plus promptement qu'on peut l'administrer. On fait avaler de temps à autre quelques gouttes de vinaigre camphré dans un verre d'eau. On en lotionne le corps ; on exerce des frictions continuelles à la pommade camphrée, sur le dos, la poitrine, les reins, l'abdomen ; on arrose continuellement le crâne avec de l'eau sédative. De temps à autre on fait prendre une infusion chaude de feuilles fraîches de bourrache. »

Ceux qui ont horreur de la médecine Raspail pourront recourir au traitement que voici et que nous trouvons indiqué dans plusieurs traités de médecine.

Dans un demi-litre d'eau chaude, faites dissoudre 25 centigrammes d'émétique (à défaut d'émétique, on prend 1 gramme 20 centigrammes d'ipécacuana), auquel on ajoute 15 grammes de sulfate de soude. On fait prendre cette potion par verrées de 10 en 10 minutes, en augmentant la dose jusqu'à ce que les évacuations aient lieu.

Si le malade n'évacue pas et que les symptômes

persistent, il faut lui faire prendre un purgatif, le premier qui tombe sous la main.

Et enfin, lui donner des lavements avec 30 grammes de tabac bouilli pendant 15 minutes dans un litre d'eau.

Pendant ce temps, faites appeler un médecin; mais faites l'un ou l'autre des deux traitements ci-dessus; car chaque minute de retard compromet la vie du malade.

S'il ne vient pas assez vite, continuez les lavements; si les évacuations n'arrivent pas en abondance et que le malade ne se sente pas soulagé, donnez-lui à boire des boissons mucilagineuses, du sirop, du lait, de l'eau sucrée avec de l'eau de fleur d'oranger.

Conservation des champignons.

On conserve les champignons de deux manières, par l'huile et par la dessiccation.

Conservation à l'huile. — On choisit de beaux champignons, on les épluche avec soin, sans séparer le pédicelle du chapeau, mais en le coupant à un centimètre de longueur; puis on les plonge dans de l'huile d'olive bouillante et on les y laisse de cinq à huit minutes. On peut remplacer l'huile d'olive par l'huile d'œillette.

Cela fait, on range symétriquement sans les briser tous les champignons dans une bouteille à large goulot ou dans une boîte en fer-blanc; on remplit les vides avec de l'huile d'olive, en laissant un quart de vide environ, ou bouche, on ficelle fortement et on la plonge dans un chaudron plein d'eau, on fait bouillir une demi-heure, puis on la retire du feu. Après refroidissement, on sort la bouteille ou la boîte et on conserve dans un lieu sec.

Conservation par la dessiccation. — Récoltez des champignons par un temps sec; ne prenez que ceux qui sont sains, et parvenus aux deux tiers de leur volume environ; épluchez-les, pelez-les au besoin, comme si vous deviez les employer de suite. Coupez en tranches les plus gros, laissez entiers les petits qui sont de la grosseur d'une noix seulement, mais pas plus; puis jetez-les dans de l'eau bouillante. Poussez le feu vivement, et quand l'eau aura bouilli trois à quatre minutes, retirez-les et faites-les égoutter soigneusement sur des claies d'osier. Quand ils ont perdu toute leur eau et qu'ils sont à peu près secs, on porte les claies dans un four après qu'on a retiré le pain et on les y laisse jusqu'au lendemain. On répète trois fois cette opération et la dessiccation est complète. Il

ne faut pas attendre plus de cinq jours entre les
deux premières mises au four ; il vaudrait mieux
chauffer le four exprès que d'attendre plus longtemps.

Dans le midi, on fait dessécher les champignons
à l'air et au soleil.

Dans les petits ménages, on se borne à récolter
des mousserons ; on les nettoie, on en fait des
chapelets en les passant à un fil et on les suspend
à l'air ou au plancher dans un courant d'air.

Quand les champignons sont parfaitement secs,
on peut les mettre en poudre en les râpant. On se
sert de cette poudre pour assaisonner une foule de
sauces ou de mets. Si on ajoute à cette poudre un
peu de celle de la truffe, on obtient un assaisonnement exquis.

Elle se conserve dans des flacons parfaitement
fermés et placés dans un endroit sec.

Art d'accommoder les champignons.

On s'étonnera peut-être de nous voir traiter
cette question qu'on rencontre dans la plupart des
livres de cuisine. C'est précisément parce que
nous avons trouvé partout de mauvaises recettes
que nous avons cru devoir en donner d'autres que
nous croyons préférables.

L'art culinaire appartient plutôt aux femmes qu'aux hommes ; mais, depuis qu'elles empiètent sur nos attributions, qu'elles conduisent les chevaux en voiture, qu'elles fument, jouent, jurent et boivent l'absinthe, nous avons bien le droit, ce nous semble, de pénétrer dans leur laboratoire qu'elles ont abandonné pour y prendre la place qu'elles devraient y occuper.

Nous ne faisons pas profession de moraliste, mais nous croyons que la femme aurait beaucoup plus à gagner à rester dans sa sphère que de s'adonner, soit à singer l'homme, soit à caricaturer les sciences, les lettres et les arts.

Est-ce qu'une femme, qui est mère ou qui administre la maison que son mari lui a confiée, n'est pas aussi ridicule et méprisable quand elle déserte son poste pour dessiner, peindre, chanter, versifier, roucouler, que quand elle fume et *lionne* sur le macadam ou en voiture ?

En fait d'art, de sciences, de lettres, qu'est-ce que la femme ? Que peut-elle être ? Rien !

Il est vrai qu'il y a eu des femmes artistes qui ont étonné leur siècle ; mais hâtons-nous de dire que si elles se sont fait admirer sous ce rapport, la plupart ont fait rougir de honte leur famille.

En fait d'administration intérieure, de l'éducation des enfants, d'économie domestique, que peut-être la femme ? Tout !...

Loin de nous la pensée de critiquer l'instruction qui est donnée aux femmes ; nous ne critiquons que l'erreur et l'abus. Une instruction solide et sérieuse, une éducation sévère et morale, la pratique de l'économie domestique, voilà tout ce que nous voulons. Rien de plus !

Que la femme ne sorte donc pas de son rôle, et qu'elle accomplisse sa mission : elle est magnifique, sublime ; elle aura l'estime de son mari, le respect de ses enfants. Hors de là, elle ne pourra prétendre qu'à la réputation de courtisane ou de coquette.

La première vertu d'une femme, c'est d'être bonne épouse et bonne mère ; la seconde, d'être économe et bonne cuisinière.

Mais, dira-t-on, vous voulez réduire la femme à jouer le rôle de cuisinière.

Non ! Mais cela fût-il, que ce rôle serait préférable à celui de bas-bleu.

Quelque grande dame que vous soyez, il ne vous est pas permis d'ignorer l'art culinaire et de rester étrangère à ce qui se fait dans votre cuisine ; pas plus qu'il est permis à votre mari d'ignorer ce qui se passe dans sa cave. Un convive peu exercé voit, dès le second service, si la dame s'occupe de sa cuisine et de sa maison. Un gastronome ne s'y trompe jamais.

Chacun à sa place. Que le cuisinier soit maître à la cour, dans les palais, dans les hôtels, dans les restaurants, c'est le domaine exclusif du *chef ;* il

peut impunément nous servir les sauces les plus
excentriques, les mets les plus incroyables. Mais
dans une maison bourgeoise, où la table est en-
tourée de convives venus tout exprès pour compli-
menter leurs hôtes, et notamment la dame de la
maison, où l'absence de toutes préoccupations leur
permet de déguster les mets, la cuisine doit être
surveillée et dirigée par la maîtresse de la maison.

Revenons à nos champignons, et abandonnons
ces questions brûlantes qui nous conduiraient
plus loin que nous ne voulons aller.

Nous répéterons ici ce que nous avons dit plus
haut : si vous voulez mangez des champignons
sauvages, prenez le conseil des personnes de la
localité qui ont l'habitude de les récolter, et n'y
touchez qu'autant qu'on vous aura affirmé leur
innocuité; hors de là, abstenez-vous.

S'il s'agit de champignons de couche, il n'y a
pas de danger à en manger à satiété; ils ne sont
jamais capables de causer l'empoisonnement; si
vous en faites abus, vous vous exposez à l'indigestion.

Du reste, usez-en comme de tous les autres aliments, avec ménagement : *On ne vit pas pour man-*
ger, on mange pour vivre.

Rappelez-vous aussi que le champignon est
presque l'égal de la viande, comme valeur nutritive, et qu'à volume égal, cuit, il est aussi
nutritif qu'elle.

Il y a cent manières diverses d'accommoder les champignons ; mais notre intention n'est de donner ici que celles qui sont les plus goûtées par les amateurs.

En général, on peut mettre des champignons dans toutes les sauces.

Champignons sur le gril. — Tous les gros champignons, c'est-à-dire ceux qui sont assez forts pour ne pas passer à travers le gril, peuvent se préparer ainsi. Les grands amateurs se font faire des grils exprès, n'ayant qu'un centimètre à peine d'intervalle entre les lames, qui sont très-minces, pour ne pas nuire à l'action du feu. C'est ainsi préparé que le champignon conserve toute sa saveur et tout son parfum.

Pour cela, mettez sur un gril des champignons bien épluchés, avec la majeure partie de leur pédicelle, s'il est tendre ; placez le gril sur un feu doux, et faites-les cuire. Quand ils seront cuits d'un côté, retournez-les et étendez un peu de bon beurre frais sur le côté cuit ; ajoutez-y un peu de sel fin. Laissez cuire l'autre côté.

Pendant ce temps, mettez du beurre frais dans un plat ; placez ce plat sur la cendre chaude ou un fourneau à très-petit feu. Aussitôt vos champignons cuits, votre beurre à moitié fondu, mettez-y les champignons, retournez-les dans le beurre que vous avez achevez de faire fondre ainsi ;

4.

salez, poivrez ; couvrez quelques minutes, et servez.

Préparés de cette manière, tous les champignons, surtout les champignons sauvages, et entre autres le preuvet, forment le mets le plus exquis que l'on puisse manger. Nous n'avons jamais vu personne qui n'ait trouvé ce plat délicieux.

Ces champignons sont souvent envahis par de petits vers, des rongeurs microscopiques. L'amateur ne doit pas s'en préoccuper : les bons champignons se mangent les yeux fermés.

Champignons au beurre. — Quelques personnes estiment beaucoup les champignons au beurre. Cependant, on n'accommode ainsi que les petits qui ne peuvent aller sur le gril.

Mettez du beurre frais dans une poêle à frire, faites-le fondre et mettez-y vos champignons que vous ferez cuire lentement et à petit feu. Quand ils sont à moitié cuits, on y ajoute du sel et du poivre. On les retourne fréquemment, et quand ils sont suffisamment cuits, on les sert sur un plat chauffé à l'avance, dans lequel on a fait fondre quelque peu de beurre frais.

Pour éviter qu'ils se racornissent, il faut couvrir la poêle ; de cette manière, l'eau des champignons ne se vaporise pas aussi vite, ou plutôt elle se condense contre les parois du couvercle et retourne dans la sauce.

Champignons au vin. — Les champignons au vin se traitent absolument comme le poisson en matelote ; seulement, il faut supprimer complétement l'échalote, le persil et l'oignon, et n'employer que le sel et le poivre comme assaisonnement. Une pointe d'ail plaît assez généralement, mais il faut en être avare.

Quelques personnes préfèrent le vin blanc au vin rouge.

Champignons au madère. — C'est la même chose que les champignons au vin, seulement on emploie le vin de Madère en place du vin rouge.

Champignon à la sauce blanche. — Se traite comme le poulet à la sauce blanche, mais se relève un peu plus, surtout pour le poivre. Quelques personnes ont l'habitude de mettre de l'oignon dans la sauce blanche ; il faut le supprimer complétement.

Croûte aux champignons. — Faites cuire vos champignons dans du beurre, une pincée de farine, du sel, du poivre. Chapelez (râpez) la croûte de dessus d'un pain blanc, enlevez-en la mie ; faites prendre couleur sur le gril à cette croûte, graissez-la des deux côtés avec du beurre frais ; cela fait, dressez votre croûte sur le plat, versez une liaison de jaunes d'œufs, délayés dans de la crème, sur vos champignons, et servez dans la croûte.

Omelette aux champignons. — Coupez des champignons en petits morceaux, après les avoir bien nettoyés comme pour tout autre usage, et faites-les cuire doucement dans du beurre, avec sel et poivre ; quand vous les jugerez assez cuits, versez dans la poêle, sur vos champignons, des œufs battus, et faites l'omelette comme à l'ordinaire.

Champignons farcis. — Épluchez vos champignons, mettez tous les pédicelles d'un côté et tous les chapeaux de l'autre. Hachez les pédicelles et faites-en une pâte avec de la chair à saucisses. Prenez un champignon et retournez-le sens dessus dessous ; mettez sur les feuillets une bonne couche de hachis, et placez ce champignon sans le renverser sur un plat. Faites de même pour tout le reste.

Mettez du beurre frais dans un plat en cuivre ou en fer étamé, mettez-le sur le feu, et, quand le beurre sera fondu, vous placerez vos champignons les uns à côté des autres, en ayant soin de ne pas les renverser, salez, poivrez et couvrez ; faites cuire à petit feu, et servez sur le plat où ils ont cuit. Quelques amateurs arrosent de vin blanc les champignons cinq minutes avant de les retirer du feu. Cela peut plaire à quelques personnes ; mais généralement le goût d'aigre que le vin donne aux champignons est peu agréable.

Morilles en ragoût. — Les morilles sont très-longues à nettoyer quand elles ont été cueillies par la pluie ; mais si elles l'ont été par un beau temps, il suffit de passer dans les loges un linge fin, pour enlever tous les corps étrangers qui s'y trouvent. Cela fait, fendez-les en deux dans le sens de la longueur et faites-les cuire dans de l'eau avec un peu de sel et de poivre. On les retire ensuite de l'eau, on les accommode avec une liaison de jaunes d'œufs, et on les sert dans cet état. On peut aussi les servir sur une croûte. (Voir *Croûte aux champignons.*)

Essence de champignons. — Mettez des champignons, bien épluchés, dans une terrine ; couvrez-les d'une couche de sel de cuisine, et laissez-les macérer pendant douze ou quinze heures. Retirez-les du sel, soumettez-les à une forte pression, et recueillez-en tout le jus. Faites bouillir ce jus en y ajoutant des épices, écumez-le avec soin, laissez-le refroidir, et mettez-le dans des flacons que vous bouchez hermétiquement pour vous en servir au besoin.

Cette essence sert à aromatiser les sauces. Elle se conserve plus ou moins longtemps, selon la manière dont elle a été faite et réussie.

CULTURE

DE LA TRUFFE

De la truffe. — Sa description. —
Ce que c'est.

Truffe (de l'allemand *truffel*), genre de végétal de la famille des champignons. (*Dict. nat. de Bescherelle.*)

Truffe (*tuber*), champignon souterrain.

Voilà ce que nous trouvons dans les ouvrages de botanique et les dictionnaires. C'est un peu court ! Tout court que cela est, c'est aussi étendu que les connaissances que l'on possède sur ce végétal, comme nous allons le démontrer plus loin.

Tous ceux qui ont écrit sur la truffe ne l'ont probablement pas étudiée suffisamment ; car, sans cela, ils se seraient bien vite convaincus que ce n'est pas un champignon.

Il est vrai que quelques-uns nous ont dit et affirmé que la truffe est une galle, une excroissance, une verrue, produite par les piqûres d'un insecte sur les racines des chênes. Quelques-uns ont poussé la confiance si loin qu'ils ont pensé qu'il suffisait de planter des chênes pour avoir des truffes. Il est vrai qu'ils avaient imaginé un chêne spécial qu'ils ont nommé *chêne truffier* qui avait des dispositions toutes particulières pour produire la truffe. Mais après de longs essais, ils ont fini par reconnaître que ce chêne n'était rien moins que truffier.

On a même été jusqu'à dépeindre l'insecte qui produisait la truffe : c'était une tipule. Ainsi, les tipules (insecte diptère) voltigeaient au-dessus des truffières et s'y multipliaient ; on a même trouvé des larves de cet insecte dans la truffe, etc., etc. Nous n'en finirions pas s'il nous fallait rapporter toutes les singularités qui ont été écrites sur la nature de la truffe et les causes qui la produisent.

La truffe n'est ni un champignon, ni une galle, et nous allons le démontrer.

Si la truffe était un champignon, elle en aurait les caractères ; or, si l'on se donne la peine de l'examiner, elle n'a ni racines (blanc), ni spores extérieurs, elle ne tient au sol par aucune partie ; sa croissance est lente, celle du champignon est rapide; elle végète l'hiver et le champignon ne croît que l'été. Elle s'éloigne du champignon en tout et par tout, et personne n'a pu découvrir aucune analogie entre eux.

Si la truffe était une galle, elle porterait les traces de son attache aux racines; on la rencontrerait exclusivement à portée des racines des arbres, et il n'en est rien. Non-seulement il est impossible de remarquer aucun point d'attache à la truffe, mais si on examine son intérieur au miscroscope, on s'aperçoit que la végétation n'a pas de direction d'un bout ou d'un côté; mais qu'elle a lieu par dilatation ou gonflement.

L'histoire des tipules est une invention faite à plaisir ou une erreur. Les tipules fréquentent les truffières, comme les *mouches à vinaigre* fréquentent les cuves qui tournent à l'aigre. Les tipules ne sont pas plus la cause des truffes que les moucherons sont la cause de la fermentation acéteuse du vin. On a confondu l'effet avec la cause.

Quant aux larves que l'on trouve dans les truffes, elles n'indiquent rien autre chose qu'elles sont là, comme dans le champignon. Ce n'est d'ailleurs que dans les vieilles truffes qu'on en rencontre, comme dans les vieux champignons qui entrent en décomposition; y en eût-il dans les jeunes truffes que cela ne prouverait rien de plus.

Si nous examinons des truffes au miscroscope,

5

nous en distinguons immédiatement de deux sortes : les unes sont blanches, grises et vitreuses, les autres sont brunes ou noires. Les blanches sont parsemées de petits points roux, les noires contiennent une quantité innombrable de ces petits points ; mais ils sont beaucoup plus gros, plus renflés et plus colorés que ceux des truffes blanches. D'où provient cette différence ?

Poussons un peu plus loin nos investigations et examinons pourquoi ces truffes sont tantôt blanches, tantôt noires, et tâchons de distinguer ce que c'est que ces petits points rouges, gris, bruns, roux, que nous apercevons dans le tissu de la truffe.

Si nous coupons une tranche très-mince de la truffe blanche, et que nous l'examinions sous un miscroscope un peu fort, nous la trouvons légèrement marbrée de veines blanchâtres ; la chair a assez de ressemblance à de la gelée de viande, et ce qui nous apparaissait tout à l'heure comme des points gris, bruns ou roux, imperceptibles, semble être de petits corps ronds ou ovoïdes, d'une forme régulière ; il y en a de très-petits, à peine perceptibles, tandis que d'autres sont assez forts pour que la forme en soit parfaitement saisie.

Examinons une truffe noire (fig. 15). Que

voyons-nous? La chair est grise ou brune; les veines blanches sont plus étroites, la chair ressemble à du foie, et les points qui nous apparaissent petits dans la truffe blanche, gros, au plus, comme des graines de mouron, se dessinent mieux; ils ont l'apparence de grai-

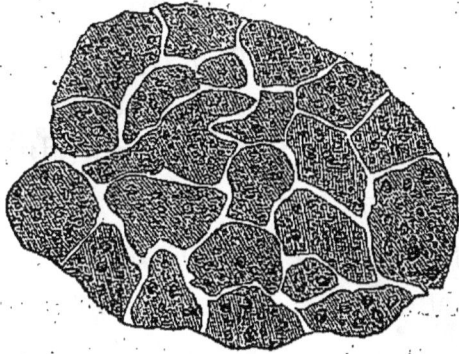

Truffe noire (*fig.* 15.)

nes de millet, mais d'un rouge qui varie du marron au brun. Ces corps sont parfaitement distincts de la chair de la truffe ; il est facile de voir qu'ils sont isolés et qu'ils n'y tiennent que par une très-faible membrane située à l'une des extrémités.

Poursuivons encore nos recherches, prenons plusieurs de ces petits corps, et plaçons-les de nouveau sous le microscope et voyons ce qu'ils offrent à nos regards.

Ils nous apparaissent, examinés séparément, comme l'indiquent les figures 16 et 17. Il y en a de

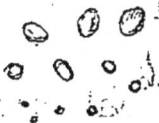   

Fig. 16 et 17.   *fig.* 18.

Graines de truffes et jeunes truffes.

petits, de gros et de moyens. Là, nous voyons dis-
tinctement que ce sont des corps organisés qui ont
toute l'apparence de graines. Ils ont une peau
lisse, brillante comme un grain de millet ; tout
semble indiquer que ce sont là de véritables
graines destinées à reproduire la truffe.

En effet, si nous nous transportons dans une
truffière, à l'époque de la récolte, que nous en
détachions, soit d'un coup de houe, soit d'un coup
de bêche, une parcelle de terre, voici ce que nous
trouvons :

1° Des truffes ;

2° De petites truffes microscopiques grosses à
peine comme la tête d'une épingle;

3° Des graines de truffes mêlées en grande
quantité à la terre, et hors de la portée des truffes.

Ces graines sont les mêmes que celles que
nous avons trouvées dans la truffe : le microscope
nous l'indique. Il y en a de toutes les grosseurs.
Les unes sont comme on les voit aux figures 16 et
17 ; les autres ont, plus ou moins, déjà l'apparence d'un globule truffreux. Enfin, les plus
grosses sont de véritables truffes (fig. 18), puisqu'en
les coupant en deux on distingue au microscope
des marbrures qui se rapprochent de celles de la
truffe blanche.

Nous avons été un instant embarrassé par la
dissemblance que nous avons signalée plus haut,
c'est-à-dire, par la différence de dimension des

graines de la truffe blanche, et des graines de la truffe noire. Après quelques recherches, nous nous sommes convaincu que la truffe blanche est une jeune truffe et que la noire est une truffe parvenue à maturité. En effet, la truffe blanche a peu de saveur et peu de parfum; tandis que la truffe noire les a beaucoup plus développés. Les graines de la truffe blanche sont plus rares, plus petites.

Mais, nous dira-t-on, vous faites de la science de fantaisie. Qu'est-ce qui prouve que la truffe blanche soit plus jeune que la truffe noire?

Ce qui le prouve, c'est que si vous visitez une truffière au mois de juillet, vous trouverez neuf truffes blanches sur dix; tandis que si vous la sondez au mois de janvier, ce sera le contraire.

Soit, dira-t-on encore, mais expliquez comment la graine se développe, comment elle végète, comment elle produit la truffe ?

Ce que nous venons de dire plus haut est la réponse. La graine se gonfle, elle gagne en volume, elle se développe insensiblement sans le secours de racines, de feuilles, sans le concours de tous les organes que les plantes ont ordinairement. Elle a ses suçoirs dans son enveloppe, elle vit par absorption, comme une éponge s'emplit d'eau quand on la place dans un lieu humide; elle absorbe l'humus spécial qui est propre à son existence, l'assimile d'une manière particulière ; rien de plus, rien de moins.

De ce que nous ne comprenons pas cette végétation, il ne faut pas en conclure qu'elle n'a pas lieu, ou qu'elle ne peut pas exister. Combien de choses qui ne tombent pas sous nos sens et qui n'en existent pas moins ! Qui peut se flatter de connaître tous les secrets de la nature ?

Variétés de la Truffe.

Si nous en croyons certains écrivains, la truffe a ses variétés comme toutes les autres plantes. Le fait nous semble assez incompréhensible dans ce végétal si extraordinaire ; car nous ne pourrions nous expliquer comment l'hybridation aurait lieu. Mais puisque nous ne devons pas nous en rapporter à nos connaissances et à nos appréciations, nous allons donner la liste de ces variétés ; on en distingue quatre qui sont :

La truffe commune ou *noire*, qui est très-brune à l'intérieur et marbrée de lignes d'un blanc tirant sur le roux ;

La truffe grise, qui est presque blanche dans sa jeunesse et qui acquiert plus tard une couleur gris cendré assez prononcée ;

La truffe du Piémont, qui est d'un blanc mat jaunâtre, d'un parfum particulier et d'une saveur rappelant légèrement l'ail ; cette variété est peu estimée.

La truffe violette, qui est de couleur brun violet, ou noir violet, soit à l'intérieur, soit à l'extérieur.

De toutes ces truffes, la plus estimée est la truffe noire qu'on trouve en grande quantité dans le Midi, et surtout dans les environs de Brives, Figeac, Gourdon et Sarlat. Elle est connue sous le nom de *truffe du Périgord.*

Nous pensons que les différences que l'on a signalées dans les truffes sont un simple effet de la diversité de climat ou de température, et aussi de sol et d'exposition. De même que le raisin de pinot qui produit les si excellents vins de la Bourgogne ne donne que de la piquette dans d'autres localités, de même la truffe n'est noire et parfumée que dans les pays où sa maturité s'accomplit dans de bonnes conditions; car, ainsi que nous l'avons dit plus haut, la truffe blanche est une jeune truffe, et la truffe noire, une truffe qui a parcouru toutes les phases de sa végétation.

Les truffes grises, violettes, etc., ne sont que des nuances accidentelles ou de transition pour arriver au noir : ce ne sont nullement des variétés. Dans les contrées où le raisin noir ne mûrit pas il est rouge, cela constitue-t-il une variété? Non !

Quelques voyageurs affirment qu'il y a en Amérique des truffes du poids de 5 à 10 kilogrammes, mais d'une saveur et d'un parfum nuls. Nous sommes certain que si l'on transportait ces truffes en France, elles ne différeraient pas dans leur produit d'avec les nôtres.

Mérites de la Truffe.

La truffe a un mérite qu'on rencontre bien rarement dans les autres végétaux, c'est qu'elle croît dans tous les pays du monde : elle brave les froids rigoureux des régions polaires, comme les chaleurs de la zone torride.

Le second mérite de la truffe, c'est d'être un excellent aliment, très-riche en principes nutritifs, quoiqu'un peu indigeste, précisément en raison de ses qualités.

Le troisième, c'est qu'on trouve en elle, comme l'ont éprouvé plusieurs praticiens, un médicament très-puissant contre certaines maladies qui ont pour effet le relâchement intestinal. Ainsi, les personnes qui ont des diarrhées chroniques, et même des dyssenteries, guérissent rapidement en prenant dans leurs aliments de 20 à 30 grammes de truffes par jour.

Un médecin allemand a remarqué que les personnes lymphatiques ou scrofuleuses se trouvaient très-bien de l'usage des truffes.

Quoi qu'il en soit de toutes ces assertions, la truffe est un aliment exquis et recherché de tous les gastronomes ; malheureusement, depuis quelques années, le prix en est tellement élevé que bon nombre d'amateurs sont obligés de s'en priver, car elles ne valent pas moins de 7 à 8 francs le demi-kilogramme pour la truffe noire, et 4 à 5 francs pour la blanche ou grise.

Il est probable que si ce prix élevé se maintient, on tentera la culture artificielle, et qu'on parviendra à alimenter le marché à des prix bien inférieurs. Il en sera de cela comme d'une foule d'autres produits.

Station des Truffes.

MOYEN DE LES DÉCOUVRIR. — ÉPOQUE DE LA RÉCOLTE.

Il y a des truffes dans toutes les forêts, au nord comme au midi ; mais, ainsi que nous l'avons dit, les meilleures sont celles venues dans les pays chauds.

C'est dans les terrains ombragés, argilo-siliceux ou argilo-calcaires et ombragés par des futaies ou de vieux taillis que l'on rencontre le plus souvent la truffe.

On a longtemps pensé que c'était sous les vieux chênes, seulement, que l'on trouvait des truffes ; mais, aujourd'hui, il est bien reconnu qu'il y a des truffières sous les charmes, les bouleaux, les aunes, les noisetiers, les châtaigniers, etc.

C'est à l'aide de chiens barbets qu'on découvre les truffières. On se sert également de porcs.

Les barbets grattent la terre là où ils sentent les truffes ; les porcs la creusent également pour la récolter ; mais si on ne les écarte pas de suite, ils la mangent ; tandis que le chien n'y touche pas ou peu. Il attend l'arrivée de son maître pour qu'il fasse la cueillette lui-même. Il faut que le chien soit dressé pour reconnaître les truffières, tandis qu'un porc peut toujours les découvrir quand il est à jeun.

La récolte des truffes commence à la fin d'octobre et continue jusqu'à la fin du mois de février ; mais les premières récoltées sont de beaucoup inférieures à celles qui le sont plus tard. Toutefois, quand l'hiver est rude, les truffes de janvier sont très-médiocres. Celles du mois de décembre se conservent mieux que les autres.

Multiplication et reproduction artificielles des Truffes.

Depuis des siècles on s'occupe de reproduire et de multiplier artificiellement la truffe ; mais on peut dire que si cela n'a pas été inutilement, les succès obtenus sont bien peu encourageants.

Divers modes ont été mis en pratique, et jusqu'à ce jour aucun n'a présenté des résultats satisfaisants, nous allons néanmoins les faire connaître, afin de renseigner le lecteur.

Truffières de la Haute-Vienne. — D'après M. Delastre, on multiplie la truffe en faisant des semis de glands dans des terres stériles de nature argilo-calcaire.

Vérification faite de ce procédé, il n'a jamais donné de résultats, et nous ne le citons que pour démontrer dans quelle aberration sont tombés la plupart de ceux qui ont tenté de cultiver la truffe, ou de raisonner son mode de reproduction.

Truffières du Vaucluse. — Il y a environ vingt à vingt-cinq ans, si la mémoire ne nous fait pas défaut, M. Rousseau, de Carpentras, essaya de multiplier la truffe. A cet effet, il avait semé des chênes verts et blancs dits *chênes truffiers;* il croyait aux tipules, et considérait la truffe comme un parasite. M. le comte de Gasparin visita ces truffières, mais le résultat constaté était aussi médiocre que possible.

Aujourd'hui, nous croyons que M. Rousseau a abandonné son procédé, et s'il ne l'a pas fait, il n'en est pas moins vrai que ses chênes blancs et verts n'ont pas produit plus que les autres arbres de pleine forêt.

Truffières à la Noé. — M. le comte de Noé fit un jour nettoyer et ratisser, dans son parc, un endroit ombragé par des chênes et des charmes, et, voulant essayer la reproduction de la truffe, il y fit déposer, sans les enterrer, des épluchures de truffes noires qu'il recouvrit de 7 à 8 centimètres de terreau de feuilles mortes.

L'essai était oublié quand, deux années après, le jardinier remarqua que la terre s'était soulevée à l'endroit où les épluchures de truffes avaient été déposées. On fouilla le sol et on trouva une grande quantité de truffes de bonne qualité.

M. de Noé recommença son opération et le résultat fut constamment le même.

Cette méthode se rapprochant essentiellement de la vérité, nous nous bornerons à ces quelques lignes pour développer notre système, qui a beaucoup d'analogie avec celui-ci.

Truffières normales artificielles. — Si l'on a lu avec attention ce que nous avons dit plus haut de la constitution de la truffe, de l'évidence de ses graines, de sa manière de végéter et des probabilités de son mode de reproduction, on en conclura immédiatement que M. de Noé était dans le vrai en faisant des semis de truffes comme il l'a fait; seulement il obéissait à un mauvais instinct en semant les pelures et non les truffes. Il avait sans doute pensé qu'elles se reproduisaient par un mycélium imperceptible à la façon du champignon, lequel mycélium était censé exister sur la circonférence de la truffe, comme quelques-uns s'entêtent encore à vouloir l'y trouver.

Nous avons vu que la truffe contient des graines bien formées, bien dessinées. Or ce n'est qu'en semant ces graines que l'on peut obtenir une reproduction assurée.

Nous n'avons pas à démontrer comment ces graines sont formées, comment la fécondation a lieu, cela ne nous importe nullement pour le moment; nous laissons à d'autres le soin de nous expliquer cela. Nous voulons rester dans la question pratique.

Du moment que l'on admet que la truffe a des graines (et elle en a, les essais de M. de Noé le prouvent; car, bien qu'il n'ait semé que des pelures, il est certain que la chair de la truffe a été entamée, et alors il y avait forcément des graines dans ces débris), il faut donc bien admettre que ces graines sont le vrai moyen de reproduction.

Mais de ce que l'on possède le secret des reproductions par les graines, s'ensuit-il que la réussite soit facile? Evidemment non; car il faut les semer à l'époque convenable, dans des expositions convenables et dans un sol convenable, enfin protéger le semis contre les ennemis de la truffe.

Or, si nous examinons tout ce qui a été dit, à toutes les époques, depuis plus de trente ans, sur la reproduction de la truffe, nous ne voyons nullement qu'on se soit occupé de ces détails qui sont précisément la chose principale.

En effet, essayez de faire une couche à champignons à l'automne. Que deviendra le blanc que vous exposerez ainsi à toutes les intempéries de l'air? Il se perdra ; vous ne verrez jamais un champignon.

Faites une couche en bonne saison ; réunissez toutes les conditions énoncées pour réussir, mais négligez les arrosages, votre couche se desséchera ; votre blanc ne prendra pas, et vous n'aurez pas de champignons.

Faites le contraire : placez votre couche dans un endroit humide, malsain ; mouillez-la trop, le blanc pourrira et vous ne récolterez pas encore un seul champignon.

Pourquoi voulez-vous que la truffe soit moins délicate, moins difficile que le champignon dans sa reproduction ? Pourquoi ?

Il est donc très-certain que si l'on n'a pas réussi à multiplier la truffe et à la reproduire comme le champignon, cela tient à ce qu'on n'a pas su se plier à ses exigences et la placer dans les conditions normales de son existence sauvage ou naturelle.

Si nous examinons avec attention les habitudes de la truffe, nous voyons :

1º Qu'elle se trouve dans les bois, à l'ombre des grands arbres ou des vieux taillis ;

2º Qu'elle se rencontre dans les sols plutôt légers que compactes, dans les terres sablonneuses et chaudes, dans les terres franches rouges et argilo-calcaires ;

3º Qu'elle croît généralement dans un sol contenant une assez forte proportion d'humus ou de terreau de feuilles d'arbres (*terreau tannique*) ;

4º Qu'elle ne vient jamais dans les terres constamment humides ou marécageuses ;

5º Qu'on la trouve à la profondeur de 3 à 15 centimètres ;

6º Qu'elle cesse de croître, de végéter et de se multiplier là où de grands arbres ont été abattus, et sur les terrains déboisés et dénudés.

On doit donc en conclure :

1º Que la truffe se plaît à l'ombrage, sans être complétement privée d'air ;

2º Qu'elle aime les terres légères, rouges et argilo-calcaires, ou argilo-siliceuses ;

3º Qu'elle se nourrit presque exclusivement de l'humus des feuilles (*humus* (*tannique*) ;

4º Qu'elle redoute l'humidité constante ;

5º Qu'elle vit à la surface du sol ou à une profondeur qui ne dépasse pas 15 à 20 centimètres au plus ;

6º Que les racines des arbres abattus, entrant en décomposition, sont envahies par des cryptogames qui s'emparent de l'humus spécial à la truffe et tuent celle-ci, étant beaucoup plus voraces qu'elle, comme le chiendent détruit les plantes qui vivent à côté de lui.

Cela reconnu, il est facile de trouver ou de *faire* un sol capable de multiplier la truffe.

Quand on s'est assuré d'un sol convenable, au mois d'octobre, on le divise en planches de 60 centimètres de large, espacées de 60 centimètres les unes des autres sur une longueur indéterminée.

On enlève 15 centimètres de terre qu'on rejette dans les sentiers qui ont, comme nous venons de le dire, 60 centimètres de large. On met, au fond de cette jauge, un lit de feuilles de 10 centimètres, et on piétine. On mélange, ensuite, moitié de la terre extraite avec partie égale de feuilles et on en fait un lit de 10 centimètres environ.

Dans cet état, couches et sentier sont presque de niveau ; on laisse le sol sans y toucher jusqu'à la fin de décembre. Alors, les couches ont baissé, elles sont en contre-bas du sol des sentiers.

On va dans les truffières et on enlève toute la terre à une profondeur de 15 centimètres environ, plus ou moins, selon qu'on voit ou que l'on connaît celle à laquelle se trouve la truffe. On amène cette terre sur place et on en met environ un centimètre d'épaisseur sur les couches ; s'il y a des truffes, on les coupe par tranches de 5 millimètres d'épaisseur et on les distribue de place en place.

Cela fait, on remet 8 à 10 centimètres de terre des sentiers qu'on a eu le soin de mêler avec moitié de feuilles, et l'opération est terminée. Les couches ainsi faites se trouvent avoir près de 75 centimètres de large et les sentiers n'en ont plus que 45, parce qu'en bordant les couches de chaque côté, on a mis de 7 à 8 centimètres de terre. Les couches doivent être plates et non bombées.

Ainsi établie, une truffière n'exige que quelques

soins; il faut d'abord la garantir du ravage des bestiaux, porcs, bœufs et animaux rongeurs, destructeurs, en l'entourant de palissades et en faisant la guerre à ses ennemis.

Si l'année est pluvieuse, les arrosages seront inutiles; mais, si elle est sèche, il faudra entretenir une légère humidité sur les couches, afin que la séve ne se ralentisse pas ; autrement la croissance serait retardée et la récolte n'aurait lieu peut-être qu'un an plus tard.

S'il pousse des champignons, il faut les arracher et détruire le blanc, car il ferait du tort aux truffes.

Si les arrosages devenaient difficiles ou impossibles en été, il faudrait mettre une chemise soit de mousse, soit de paille, sur les couches pour empêcher l'évaporation.

Les feuilles se pourrissant peu à peu, les couches s'affaissent et s'abaissent au niveau des sentiers; mais, dans les terrains secs, on pourrait creuser un peu plus et laisser un peu de terre dans les sentiers pour que les couches se trouvent en contre-bas dès le mois d'avril, afin que les eaux pluviales s'écoulent de préférence de leur côté.

La végétation commence avec les beaux jours; mais ce n'est guère qu'en été que l'on pourra s'apercevoir du grossissement des graines et des petites truffes. A l'automne on pourra probablement en avoir quelques-unes; mais il est préférable de ne pas toucher aux couches et d'attendre jusqu'à l'année suivante.

Telle est la méthode de reproduction que l'examen approfondi de la truffe indique. Nous sommes assuré que, bien pratiquée, elle sera couronnée de succès.

Nous venons d'établir une truffière, nous rendrons compte du résultat, dans quelques années : nous ne doutons pas du succès.

Ennemis de la Truffe.

Les ennemis de la truffe sont les mêmes que ceux des champignons. On emploie les mêmes moyens pour les détruire. Seulement, comme les truffières peuvent être en plein champ, dans les parcs, jardins, cours, où les chiens, les volailles, les chats, etc., ont accès, il faut placer les préparations propres à empoisonner les animaux nuisibles hors de la portée des animaux domestiques.

Manière d'accommoder les Truffes.

Ce que nous avons fait pour les champignons, nous allons le faire pour les truffes, pensant être agréable aux personnes qui n'ont pas l'habitude de les utiliser dans la cuisine.

En général, les truffes vont dans la plupart des sauces et dans toutes les viandes ; nous nous bornerons donc à donner les recettes pour les manger seules, et nous terminerons par la manière de truffer les volailles, ce que bon nombre de maîtresses de maison ignorent encore.

Truffes cuites sous la cendre. — Nettoyez vos truffes en les passant à plusieurs eaux et en les brossant avec soin pour enlever tout ce qui serait resté de terre ; ensuite, faites-les égoutter quelques instants.

Mettez sur la table de votre cuisine autant de carrés de papier découpés, de dimension convenable, que vous avez de truffes à faire cuire. Étendez sur chaque carré une barde de lard ; cela fait, prenez une truffe, saupoudrez-la de sel fin, placez-la au centre de votre barde de lard, et enveloppez-la avec ; puis, faites-en autant avec la feuille de papier. Enveloppez-la de nouveau avec trois autres feuilles de papier assez fort, de manière que la truffe soit triplement enfermée et hors des atteintes du feu ; faites les cuire sous des cendres chaudes, comme on le fait pour la pomme de terre.

Quand la cuisson est complète, on retire les truffes du feu, on les débarrasse du papier brûlé ou sali, et on les sert enveloppées dans le papier qui est resté propre.

Il ne faut faire cuire ainsi que les truffes de moyenne grosseur, car les petites se dessèchent et les grosses ne cuisent qu'imparfaitement. Cuites de cette manière, elles constituent un mets exquis et recherché qui a tout le parfum de la truffe.

Truffes préparées pour truffer les volailles. — Mettez au fond d'une casserole des bardes de lard, puis placez-y des truffes entières nettoyées et épluchées, c'est-à-dire dont vous aurez enlevé la peau le plus légèrement possible, ajoutez-y thym, laurier, sel, poivre, recouvrez le tout avec des bardes de lard, et faites cuire vos truffes pendant une heure environ. Retirez du feu, et mettez à part les truffes et la graisse, pour vous en servir au besoin.

Les truffes, ainsi préparées, peuvent se conserver facilement pendant huit jours. Elles ne sont propres qu'à truffer les volailles.

Volaille truffée. — Peu de personnes connaissent la manière de bien truffer une volaille. Il ne suffit pas de la remplir de truffes pour avoir un mets de bonne qualité, il faut encore qu'elle ait le coup d'œil, et qu'en arrivant sur la table, elle saisisse les convives par l'odorat, comme par les yeux.

Nous croyons donc faire plaisir à nos lectrices en leur donnant l'art de truffer une volaille.

Prenez une volaille flambée et vidée, brisez-lui l'os de la poitrine, en appuyant la main dessus, extrayez-le par l'ouverture que vous avez faite pour la vider. Cela fait, soulevez la peau, en la détachant de la chair, et glissez des rondelles de truffes cuites et préparées, sous les ailes, sous les cuisses, sous la poitrine, partout enfin où il pourra en entrer. Ensuite, remplissez le corps avec des truffes également cuites et préparées comme ci-dessus, après les avoir roulées dans de la graisse fine ou de bon saindoux. Rapprochez les bords de l'ouverture que vous avez faite pour la vider et cousez-les de manière à la rétablir dans son état normal, et laissez-la pendant deux jours dans cet état.

Remarquez qu'il est nécessaire de briser et d'extraire l'os de la poitrine pour arrondir la volaille qui paraîtrait maigre sans cela. Remarquez aussi que les tranches ou rondelles de truffes, que l'on glisse sous la peau de la volaille, flattent l'œil et développent un parfum exquis au moment où elle arrive fumante sur la table.

Après deux jours on peut mettre la volaille à la broche ; mais elle peut sans inconvénient se conserver plus longtemps. On peut aussi la faire cuire immédiatement, mais elle a moins de parfum.

Rôtie, on la sert absolument comme les volailles ordinaires, sèche et sans sauce.

Truffes à l'espagnole. — Coupez par tranches minces (d'un demi-centimètre d'épaisseur) des truffes épluchées et nettoyées ; faites-les cuire avec du sel et du beurre frais. Quand elles seront suffisamment cuites, ajoutez-y un peu de bon vin blanc et quelques cuillerées de jus de rôti. Laissez mijoter cinq minutes et servez.

Truffes au naturel. — Vos truffes bien nettoyées, enveloppez-les de quatre ou cinq carrés de papier ; mouillez-les ainsi enveloppées et faites-les cuire sous la cendre chaude. Otez-les du papier, et servez-les sous une serviette comme on sert les œufs frais et les marrons rôtis.

Truffes à la minute. — On coupe des truffes en rondelles comme des pommes de terre que l'on veut faire frire. On les met dans un plat qui va au feu, ou dans un plat de cuivre étamé, et on les fait cuire dans le beurre frais, avec sel et poivre ; quand on les juge cuites d'un côté on les retourne de l'autre. On les sert dans le plat où elles ont cuit.

Il faut éviter les coups de feu, et couvrir le plat pour que les truffes ne se racornissent pas et ne

perdent pas leur parfum. Même cuite à point, par
ce procédé, la truffe reste légèrement croquante,
sans être dure, ce qui plaît assez aux amateurs.

Truffes à la Périgueux. — Coupez des truffes
en petits dés carrés d'un à deux centimètres de
toutes faces, et faites-les cuire dans du bouillon
dégraissé, auquel vous aurez ajouté autant de vin
blanc vieux et quelques cuillerées de jus de rôti.
Faites cuire doucement et sous couvercle.

Quand la cuisson est complète, ajoutez à la
sauce un peu de beurre frais, laissez mijoter cinq
minutes et servez. Il ne faut mettre aucun assaisonnement, si ce n'est du sel et du poivre, pour
ne pas modifier la saveur naturelle de la truffe.

Truffes au vin. — On garnit le fond d'une casserole avec des tranches de lard, on pose dessus des
truffes, on les recouvre de tranches de jambon, on
ajoute un peu d'ail, un bouquet garni et on
verse sur le tout moitié vin blanc, moitié bouillon, pour que les truffes y baignent à moitié, et
on les fait cuire sur un feu ardent.

Quand elles sont cuites, on les retire une à une,
vivement, et on les sert comme les truffes au naturel.

Truffes en omelette, ou omelette aux truffes. —
Coupez des truffes en rondelles comme il est dit

pour les *truffes à la minute*, faites-les cuire de la même manière dans une poêle à frire, et quand elles sont cuites à point, versez dessus vos œufs battus et servez votre omelette cuite légèrement, pour que l'intérieur ne soit pas pris complétement.

Une omelette aux truffes est très-appréciée des amateurs, surtout dans un déjeuner où on sert du vin blanc. Nous avons connu un gastronome qui ne trouvait pas de déjeuner plus exquis que celui-ci :

Huîtres,
Omelette aux truffes,
Champignons farcis,
Volaille à la sauce mayonnaise,
Fromage de Bourgogne.
Le tout arrosé de vin blanc de Chablis, café et eau-de-vie de Cognac.

Nous avons plusieurs fois assisté à ces déjeuners, et nous les trouvions assez fort de notre goût. Cependant il ne faudrait pas en faire un usage fréquent.

Conservation de la Truffe.

La conservation de la truffe n'est pas chose très-facile, et les divers échantillons que nous avons vus aux expositions nous ont convaincu que le problème n'est pas encore entièrement résolu. Cependant, nous allons donner les deux modes de conserve les plus usités.

Procédé par la cuisson en vase clos, dit procédé Appert. — Ce procédé, très-anciennement connu, et qui a été, non pas découvert par Appert, mais simplement pratiqué commercialement en grand par lui, pour la première fois, peut être employé pour les truffes.

Pour cela faire, il faut avoir des bouteilles à large goulot pour permettre l'introduction des truffes tout entières. On se les procure facilement dans le commerce, où elles sont connues sous le nom de bouteilles à conserve; puis on opère comme nous allons l'indiquer.

On nettoie les truffes comme si l'on devait les accommoder, et on en ôte la peau, complétement, en les pelant délicatement pour enlever le moins possible de chair.

On remplit les bouteilles aux quatre cinquièmes ou un peu plus, on les bouche hermétiquement, et on assujettit le bouchon avec un fil de fer ; on met ces bouteilles dans un chaudron et on les sépare par du foin, pour qu'elles ne s'entre-choquent pas par le mouvement de l'ébullition ; puis on remplit d'eau ce chaudron, jusqu'à ce qu'elle arrive à la naissance du goulot des bouteilles ; on met le chaudron sur un feu vif, et on fait bouillir l'eau pendant une heure.

On laisse refroidir le tout, puis on descend les bouteilles à la cave, et on les place debout sur des rayons disposés à cet effet, à un mètre de hauteur du sol. Plus la cave sera fraîche et sèche, plus les truffes s'y conserveront.

Il est bon de goudronner les bouteilles, après le refroidissement, afin d'éviter l'introduction de l'air, et pour mettre les bouchons à l'abri des rongeurs. Les truffes ainsi conservées sont moins parfumées que lorsqu'elles sont employées fraîches.

Dessiccation. — Après avoir nettoyé et épluché des truffes comme pour les accommoder, coupez-les en tranches d'un demi-centimètre d'épaisseur et placez ces tranches sur des tartières bien propres, revêtues d'une feuille de papier blanc collé pour qu'elles ne touchent pas au fer, et mettez-les dans un four une heure après que le pain en sera retiré. Recommencez cette opération tous les jours jusqu'à ce que vos tranches soient parfaitement sèches et réduites à l'état de cossettes. Conservez-les, au sec, dans des bocaux en verre bouchés hermétiquement à l'aide de liége revêtu d'un papier goudronné ou huilé.

Il arrive, quelquefois, quand la dessiccation n'est pas complète, qu'il y a du ramollissement, et la truffe menace de se gâter ; il faut, alors, les repasser de nouveau au four.

Ainsi préparées, les truffes peuvent se conserver indéfiniment, mais elles sont beaucoup moins parfumées que fraîches. Cependant on peut encore en tirer un bon parti dans la cuisine. On les emploie, soit telles qu'elles sont, en les faisant revenir quelques minutes dans de l'eau tiède, soit en les pulvérisant, et en assaisonnant les mets avec cette poudre qui doit être conservée en flacons bien bouchés.

FIN

Imprimerie D. BARDIN, à Saint-Germain.

Maison V.-F. LEBEUF, Horticulteur-Pépiniériste

EXTRAIT DU CATALOGUE

DES

ASPERGES, FRAISIERS, ARBRES FRUITIERS

VIGNES, ETC.

DE

A. GODEFROY, GENDRE ET SUCCESSEUR

26, route de Sannois, 26

A ARGENTEUIL (SEINE-ET-OISE)

AUTOMNE 1877 ET PRINTEMPS 1878

Le Catalogue général est envoyé *franco* à ceux qui en font la demande *franco*;
il annule les précédents.

AVIS IMPORTANT

Les expéditions commencent le 20 septembre et se continuent jusqu'au 25 avril, pour les fraisiers et les asperges ; pour les arbres fruitiers, les expéditions commencent plus tard. — Les envois se font aux frais et risques du destinataire.

Les demandes sont servies par ordre d'inscription. Dans le cas où quelques-unes ne pourraient être remplies, il en serait donné avis immédiatement.

Les brochures seules sont expédiées *franco* par la poste; les plantes ne sont pas servies par cette voie.

L'emballage est compté à prix de revient : sous aucun prétexte il ne peut être retenu. Les fraisiers sont emballés dans de la mousse fraîche et peuvent rester pendant plusieurs semaines en route sans souffrir.

On ne livre pas au-dessous de 12 pieds de fraisiers de chaque variété, excepté pour celles qui sont marquées au-dessous de 12. L'emballage, l'étiquetage et le déplacement étant les mêmes pour un pied que pour 12, nous comptons un pied le même prix que la douzaine.

Les envois se font, soit contre un mandat à vue sur une maison de banque de Paris, soit contre un mandat de poste dont *le talon sert de quittance.* — Les demandes de 10 fr. et au-dessous peuvent être soldées en timbres-poste à 25 centimes *non séparés, par lettres chargées.* Les timbres à 40 et 80 cent. et au-dessus ne sont pas reçus en payement. On est prié de rappeler la date de la facture.

Les factures sont payables à Argenteuil. *Nous prions ceux de nos clients qui ne nous font pas plusieurs demandes dans le cours de la saison de bien vouloir nous régler le montant des petits envois, aussitôt réception, pour prévenir les oublis et nous éviter des frais que nous serions obligé de mettre à leur charge.*

Il est indispensable d'indiquer la gare qui dessert la localité et d'écrire lisiblement l'adresse. Plusieurs commandes ne pouvant être livrées par suite de l'irrégularité, de l'absence ou de l'insuffisance de l'adresse, on voudra bien la donner comme il suit, pour éviter toute erreur : M. X. . . . . à . . . . Bureau de poste de ou par . . . ., département de. . . gare de. . . . .

Nota. — Ce Catalogue paraît tous les ans vers le 15 septembre.

ASPERGES D'ARGENTEUIL

Rouge ou violette hâtive d'Argenteuil.	1er choix.	Les 100 griffes.	10 fr.	»
	—	Le mille......	90 fr.	»
	2e choix.	Les 100 griffes.	7 fr.	»
	—	Le mille......	65 fr.	»
	3e choix.	Les 100 griffes.	5 fr.	»
	—	Le mille......	45 fr.	»
Violette tardive d'Argenteuil.	1er choix.	Les 100 griffes	10 fr.	»
	—	Le mille......	90 fr.	»
	2e choix.	Les 100 griffes	7 fr.	»
	—	Le mille......	65 fr.	»

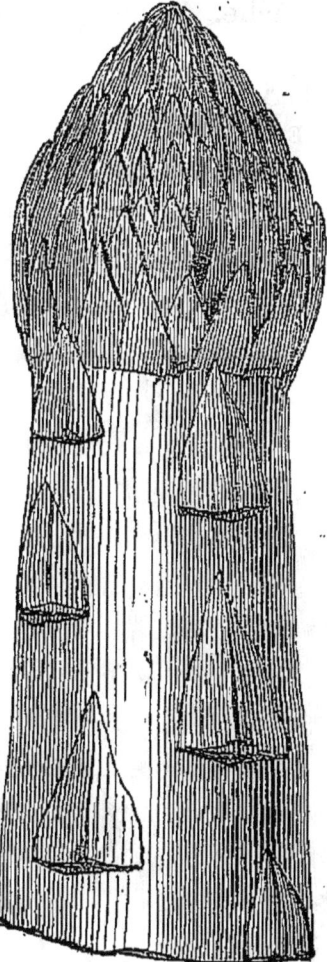

La fig. 1 représente l'asperge hâtive d'Argenteuil, de grosseur moyenne. Plusieurs atteignent jusqu'à 16 centimètres de circonférence et un poids de 300 grammes.

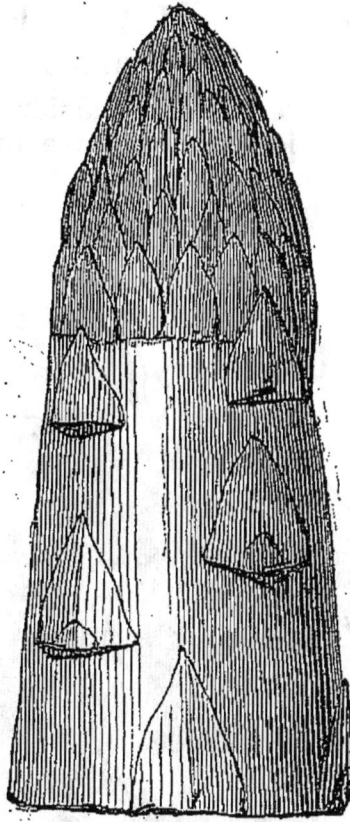

La fig. 2 représente l'asperge tardive d'Argenteuil, de grosseur ordinaire. Plusieurs atteignent 17 centimètres de circonférence et un poids de 350 grammes.

Fig. 1.

Fig. 2.

Ces variétés sont les plus belles et les plus estimées de toutes elles connues. Elles atteignent souvent 16 cent. de circonférence et se plantent sans engrais (voir la brochure : *les Asperges, les Fraises, les Figues, les Framboises et les Groseilles*, 1 fr. 50 c.).

FRAISIERS

LIVRABLES A PARTIR DU 20 SEPTEMBRE JUSQU'AU 30 AVRIL.

AVIS. — Lorsque les terres sont humides ou froides, il est utile d'attendre le printemps pour planter; mais les plantations faites à l'automne dans les terres franches et légères, dans les sols secs, sont préférables.

Quand les fraisiers arrivent fanés, il faut les plonger dans l'eau pendant quelques heures avant de les planter. — Quel que soit le temps qu'il fasse, il faut les arroser, et s'ils sont fatigués par une longue route, il sera bon de les ombrer pendant une douzaine de jours, surtout si la température est chaude ou sèche.

FRAISIERS NOUVEAUX
ANNONCÉS POUR LA PREMIÈRE FOIS.

NOTA. — Ces fraisiers, qui proviennent de nos gains, ont été soumis depuis quatre ans, à diverses cultures pour s'assurer qu'ils peuvent répondre à tous les besoins. Nous les recommandons d'une manière spéciale aux amateurs.

Bis in idem. — Fig. 1.   Marida. — Fig. 2.

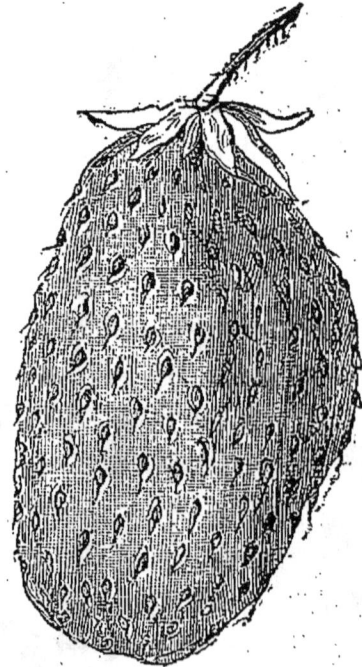

Bis in idem (*G. Lebeuf.*). — Fruit gros et très-gros, fréquemmen bilobé, à graines enfoncées et petites, fruit rouge très-foncé chair rouge marbrée de rose, présentant une cavité interlobaire. Fruit très-bon, juteux, très-sucré, très-parfumé, se conservant très-bien. Maturité moyenne.

Le feuillage de cette excellente plante est souvent quinquelobé comme dans la fraise à 5 folioles............... *le pied* 3 »

Marida (*G. Lebeuf*). — Fruit gros, allongé, irrégulier, rose pâle du côté de la lumière, paille du côté opposé. Graines grosses et rares. Chair blanche fine, eau abondante et légèrement acidulée, parfumée. Maturité tardive (fig. 2).
le pied 3 »

FRAISIERS NOUVEAUX
ANNONCÉS POUR LA SECONDE FOIS.

Reine des noires (*Lebeuf*). — Fruit moyen, presque carré, couleur rouge très-foncé, chair très-rouge, pleine, juteuse, parfumée, feuillage beau. Maturité tardive (fig. 3).
le pied 1 *fr.*, *les 6 pieds.* 5 »

Mme Picard (*Lebeuf*). — Fruit gros, en cône tronqué, couleur rouge foncé, chair blanc rosé, fondante, eau abondante et d'un parfum délicieux, feuillage touffu et vigoureux. Maturité hâtive......... *le pied* 1 *fr.*, *les 6 pieds.* 5 »

Souvenir de Juillet (*Lebeuf*). — Beau fruit long, couleur rose clair, chair rose, pleine, fondante, juteuse et d'un parfum exquis rappelant l'ananas, beau feuillage, très-vigoureux, graines rares et à fleur du fruit. Maturité moyenne (fig. 5)............... *le pied* 1 *fr.*, *les 6 pieds* 5 »

FRAISIERS NOUVEAUX
ANNONCÉS POUR LA TROISIÈME FOIS.

Marthe Lebeuf (*Lebeuf*). — Jolie fraise de bonne grosseur, en cône régulier, couleur rose vif, chair pleine, rose, veinée de blanc, fine, fondante, et d'un parfum très-délicat, feuillage beau, très-vigoureux, plante très-productive. Maturité moyenne (fig. A), *le pied* 1 *fr.*, *les 6 pieds* 4 »

Pulchra (*Lebeuf*). — Fruit de moyenne grosseur, plutôt petit, en cône tronqué, renflé au milieu, à col lisse, couleur rose, chair rouge veinée de blanc, pleine, juteuse, eau fine avec un parfum de pêche très-prononcé, plante forte et vigoureuse, très-productive, beau feuillage. Maturité de moyenne saison (fig. B), *le pied* 1 *fr.*, *les 6 pieds* 4 »

Jeanne Grégoire (*Lebeuf*). — Fruit gros ou très-gros, en forme de toupie, couleur rouge foncé, chair rouge, juteuse, fondante, eau très-abondante, relevée, parfumée, un feuillage touffu et vigoureux, plante d'un bon rapport. Maturité tardive (fig. C)....... *le pied* 1 *fr.*, *les 6 pieds.* 4 »

Mgr Fournier (*Boisselot*). — Fruit gros en forme de toupie un peu aplatie, couleur rouge très-foncé, chair rouge, pleine, ferme, juteuse, se conservant très-bien étant cueilli. Maturité de moyenne saison.. *les 12 pieds.* 6 »

FRAISIERS NOUVEAUX

ANNONCÉS POUR LA QUATRIÈME FOIS

Jupiter (*Lebeuf*). — Fruit de première grosseur en crête de coq ou en cône, couleur rouge clair, graines petites et enfoncées, chair blanc rosé, fondante, juteuse, sucrée et parfumée; beau feuillage, très-fortes hampes. Maturité tardive.................................. *les 6 pieds* 3 »

Gracieuse (la) (*Lebeuf*). — Fruit gros ou très-gros, en forme de toupie tronquée, couleur rouge clair, graines rares et enfoncées, chair blanche, juteuse, sucrée, fondante et parfumée, plante vigoureuse et fertile. Maturité moyenne.................................. *les 6 pieds* 3 »

Bayard (*Lebeuf*). — Fruit gros, ayant la forme quadrangulaire tronquée à la base, couleur rouge, graines petites et enfoncées, chair blanche, pleine, ferme, relevée, sucrée, juteuse et parfumée, plante robuste et très-fertile. Maturité moyenne........................ *les 6 pieds* 3 »

Reinette (la) (*Lebeuf*). — Fruit moyen, turbiné, vermillon, graines petites et enfoncées, chair saumonée, beurrée, peu sucrée, très-parfumée, goût de reinette très-prononcé. Maturité hâtive....................... *les 6 pieds* 3 »

Colbert (*Lebeuf*). — Fruit gros, pas de forme régulière, couleur rouge foncé, chair saumonée fraîche et savoureuse, juteuse et très-parfumée. Maturité hâtive. *les 6 pieds* 3 »

Coquette (la) (*Lebeuf*). — Gros fruit long ayant la forme d'une poire renversée, couleur rouge, graines enfoncées, chair rosée, juteuse, relevée et très-parfumée, plante très-vigoureuse et fertile. Maturité moyenne...... *les 6 pieds* 3 »

PRINCIPALES VARIÉTÉS A GROS FRUITS DE RACE AMÉRICAINE

(Voir le *Catalogue général* pour les autres variétés.)

Ce choix est fait dans 400 variétés de race américaine. Celles qui sont marquées *h* sont *hâtives*, — *m*, de *moyenne saison*, — *t*, *tardives*, — *f*, propres à la *culture forcée*.

Les personnes qui n'ont pas de prédilection pour une variété plutôt que pour une autre, pourront nous faire connaître la nature de leur terrain, nous dire si elles désirent des fraisiers de qualité ou de produit. Elles pourront s'en rapporter à notre choix.

Abondance (*Lebeuf*) t......	3	»
Ambrosia (*Nicholson*) h.....	2	»
Augusta (*Lebeuf*) m........	3	»
Auguste Retemeyer (*de Jonghe*) m..................	2	»
Aurélie (*Lebeuf*) t.........	4	»
Avenir (*Dr Nicaise*) m......	2	»
Belle Bretonne (*Boisselot*)..	3	»
Belle Cauchoise (*Acher*)...	3	»
Belle de Paris (*Bossin*) t...	2	»
Belle Lyonnaise (*Nardy*) t.	4	«
Boule-d'Or (*Boisselot*) m. Les 6	2	»
Bourguignonne (*Lebeuf*)....	4	»
Carniola Magna (*de Jonghe*). Les 6 pieds, 2 fr.; les 12...	3	»
Carolina superba (*Kitley*) m	2	»
Cérès (*Lebeuf*) t...........	3	»
Châtelaine (la) (*Lebeuf*) m. Les 6 pieds, 2 fr.; les 12...	3	»
Crimson Cluster (*Mme Cléments*) m...............	2 50	
David (*Lebeuf*) t. Les 6 pieds, 2 fr. 50 ; les 12 pieds, 4 fr.; les 50 pieds, 12 fr. (Fraisier exceptionnel, peut-être le plus productif de tous).		
Docteur Hogg (*Bradley*)....	3	»
Docteur Morère (*Berger*)..	4	»
Docteur Nicaise (*D^rNicaise*)h	2	»
Duc de Malakoff (*Gloëde*) m f.	1	»
Eclipse (*Reeve*) h f.........	2	»
Eleonor (*Myatt's*) t.........	1 50	
Emily (*Myatt's*) t..........	2	»
Elton improved (*Jardins royaux de Frogmore*) m.....	3	»
Empress-Eugenia (*Knevett*) m f.	2	»
Eve (*Lebeuf*) t.............	3	»
Fairy Queen (*Jardins de Frogmore*) m. Les 6 pieds, 2 fr.; les 12...............	3	»

Fertile (la) (*de Jonghe*) m...	3	»
Flora (*Lebeuf*) 1/2 t........	4	»
Formosa (*Dr Nicaise*), h....	2	»
Goliath (*Kitley*) t.........	1 50	
Globe (*de Jonghe*) m........	3	»
Grosse bonne (*Lebeuf*). Les 6	5	»
Haquin (*Haquin*) t.........	3	»
Hébé (*Lebeuf*) m..........	4	»
Her Majesty (*Mme Cléments*).	3	»
Impériale (*Duval*) t f......	1 50	
Incomparable (l') (*Lebeuf*) m	4	»
James Vetsch (*Gloëde*) m....	2 50	
John Powel (*Jardin de Frogmore*)	3	»
Jolie (la) (*Lebeuf*) m.......	4	»
Jucunda (*Salter*) t.........	1	»
Junon (*Lebeuf*)............	5	»
Kaminski t................	2	»
Kate (*Mme Cléments*) h. Les 12.	3	»
Lisette (*Lebeuf*) m. Les 12...	3	»
Lucette (*Lebeuf*)..........	5	»
Longue hâtive (*Lebeuf*) h...	4	»
Longue tardive (*Lebeuf*) t...	4	»
Mistress Wilder (*de Jonghe*) m,..................	2 50	
Mme Elisa Champin (*Jamin et Durand*) t..............	2	»
Marguerite (*Le Breton*) h f.	1	»
Monsieur Radcliffe (*Ingram*) t	3	»
Napoléon III (*Gloëde*) t....	3	»
Olivier de Serres (*Lebeuf*) m. Les 6 pieds, 2 fr.; les 12....	3	»
Orb (*Nicholson*) m. Les 12..	2 50	
Pêche de Juin (*Lebeuf*). Les 6 pieds, 2 fr.; les 12..	5	»
Président Wilder (*de Jonghe*) m. Les 12 pieds......	2 50	
Princesse Dagmar (*Mme Cléments*) h. Les 12 pieds.....	2 50	
Premier (*Ruffet*) m.......	3	»
Président (*Green*) h. Les 12.	3	«

	Les 12 pieds.		Les 12 pieds.
Prince impérial (*Graindor-ge*) h f	1 »	Souvenir de Kieff (*de Jonghe*) m. Les 12	3 »
Richard II (*Cuthil*) h	2 »	Surprise (*Myatt's*) t	1 50
Rubis (*Dr Nicaise*) m	2 50	Triomphe de Paris (*Souchet*)	3 »
Robuste (la) (*de Jonghe*) m	3 »	The Kimberley (*Kimberley*) t	3 »
Rose (*Lebeuf*)	3 »	Victoria (*Trollop*) m f	1 »
Rustique (la) (*de Jonghe*) m.	3 »	Vineuse de Nantes (*Boisse-lot*). Les 6 pieds, 1 fr. 50;	
Sabreur (*Mme Cléments*) m	3 »	les 12	2 50
Scipion (*Lebeuf*) m	4 »	Vingt-Mai (*Lebeuf*), le plus	
Sir Charles Napier (*Smith*) t	2 »	hâtif des fraisiers. Les 12	3 »
Sir Harry Orange (*Mackoy*) m Les 12	3 »	Virginie (*de Jonghe*) m. Les 6 pieds	2 »
Sir Harry (*Underhill*) m f	2 »	Washington (*Lebeuf*) m	4 »
Sir Joseph Paxton (*Bradley*) m. Les 12	3 »	Withe pine apple (*Withe Albion*) m. Les 12	3 »
Sir Walter Scott (*Nicholson*) m f	2 »	Wonderfull (*Jeyes*) t	2 »

FRAISIERS PRIS PAR SÉRIE A MON CHOIX

LES FRAISIERS DES QUATRE-SAISONS NE SONT PAS COMPRIS DANS CES SÉRIES

SÉRIE A. — 100 pieds en 10 variétés assorties sans nom.	3	»
SÉRIE B. — 100 pieds ; 10 variétés étiquetées	8	»
SÉRIE C. — 100 pieds ; 10 var. hâtives, moyennes et tard.	10	»
SÉRIE D. — 100 pieds ; 10 — — —	12	»
SÉRIE E. — 100 pieds ; 10 — supérieures	20	»

ARBRES FRUITIERS

Nota. — Pour se renseigner sur les meilleures variétés à cultiver en espalier, en plein vent, etc., consulter l'ouvrage annoncé à la dernière page de ce catalogue : *Culture et taille rationnelles et économiques du poirier, du pommier*, etc. (Voir le *Catalogue général* pour les meilleures variétés.)

ABRICOTIERS
VARIÉTÉS RECOMMANDABLES

Haute tige ou plein vent	1 50	à	2	»
Demi-tige	1 »	à	1	20
Espalier	» 50	à	1	»

CERISIERS
VARIÉTÉS LES PLUS MÉRITANTES

Haute tige ou plein vent	1 50	à	1	75
Demi-tige	» 80	à	1	25
Espalier ou pyramide	» 50	à	»	80

PÊCHERS
VARIÉTÉS BIEN CHOISIES

Haute tige..................................	1 50 à	2 »
Demi-tige..................................	1 » à	1 20
Espalier........	» 75 à	1 »

POIRIERS
CENT VARIÉTÉS DE PREMIER MÉRITE

Haute tige sur cognassier	1 50 à	2 »
Pyramide, espalier ou basse tige..............	» 70 à	1 »
Cordons ou jeune sujet pour espalier et pyramide.	» 50 à	» 60
Haute tige sur franc.......................	2 » à	2 50
Pyramide, espalier ou basse tige sur franc........	» 90 à	1 10
Cordons ou jeune sujet pour pyramide et espalier sur franc.............................	» 60 à	» 75

Voir au *Catalogue général* les listes des variétés et les époques de maturité

NOISETIERS
DOUZE VARIÉTÉS

Aveline longue et ronde, de...............	» 40 à	» 60
Grosse noisette d'Espagne, etc..............	» 50 à	» 70
Noisetiers divers *à gros fruits*.......	» 30 à	» 40
Noisetier à feuilles laciniées................	1 » à	1 50
— — pourpres.................	» 75 à	1 »

FRAMBOISIERS

Framboisier rouge à gros fruit, la douz. 3 fr. »

Merveille des quatre-saisons, à gros fruit rouge remontant et produisant jusqu'aux gelées....... 4 »

César à fruit blanc, très-belle et très-bonne, la douzaine............................. 4 »

Merveille des quatre-saisons, à fruit jaune, la douzaine............................. 4 »

Belle de Fontenay, remontante à fruit rouge, la douzaine............................. 3 »

Belle de Palluau, gros fruit rouge, excellente, la douzaine............................. 3 50

Catawissa, framboisier originaire de l'Amérique, fruit gros rouge, de qualité supérieure. Variété remontante, la douzaine .... 3 »

Falstaff, très-beau fruit rouge, la douzaine....... 4 »

Superbe d'Angleterre, gros fruit rouge, l'une des plus belles framboises 3 50

Brinckle's orange, fruit magnifique, jaune orange, la pièce........................... » 40

Surpasse merveille, très-gros fruit jaune de bonne qualité, la pièce 30 c., les 6.................. 1 50

Semper fidelis, fruit rouge, bonne variété, les 6. 2 »

GLAIEULS GANDAVENSIS
ET VARIÉTÉS HYBRIDES

1re série, extra, 25 ognons variés............... 8 fr.
2e série, de choix, de 25 ognons assortis......... 6 fr.
3e série, de 25 ognons assortis................. 4 fr.
Le cent en mélange........................... 20 fr.
— Deuxième choix............................ 15 fr.

ROSIERS
Voir le *Catalogue général et descriptif* pour les noms.

Belle collection et très-variée : la pièce selon nouveauté et force.

Tige d'un mètre environ.......... 1 fr. 50 à 2 fr. »
Demi-tige...................... 1 » à 1 40
Franc de pied.................. » 50 à 1 »

LAITUE LEBEUF
A GOUT DE ROMAINE

Cette nouvelle variété de salade que nous offrons aux amateurs a été obtenue dans notre établissement en 1865; elle provient de la fécondation d'une romaine par une laitue, et présente les caractères suivants : feuille demi-ronde, gaufrée, couleur vert foncé. La pomme est très-dure, d'un blanc parfait quand elle est parvenue à maturité. Elle se coiffe seule comme toutes les bonnes laitues et pèse 1 kilo 500 à 2 kilos. Elle est d'hiver, de printemps, d'été et d'automne; les semis réussissent en toute saison. Elle est très-longue à monter (elle reste pommée près d'un mois); aussi faut-il la semer dès le mois de février ou les premiers jours de mars pour en obtenir de la graine. Semée à l'automne, elle est bonne à manger avant la romaine verte maraîchère; elle est très-croquante, tendre, pleine d'une eau fraîche et savoureuse, analogue à celle de la romaine, mais plus fine. Cette salade, qui est maintenant fixée et épurée par une sélection de plusieurs années, sera classée parmi les meilleures variétés existantes.

Ne disposant que d'une faible quantité de graine, nous la céderons aux amateurs, par petits paquets d'un gramme, à partir du 1er novembre. Le paquet pouvant représenter environ 500 graines est coté 60 c.

POMMES DE TERRE

Nous offrons à nos honorables clients une collection composée des meilleures pommes de terre nouvelles et anciennes, aux prix et conditions suivants.

COLLECTIONS

12 tubercules en 12 variétés à notre choix......... 1 »
25 — en 25 — — .... 2 »
Chaque variété au choix du client, le tubercule...... 0 10
La collection entière par 2 tubercules.............. 8 »
Il suffit de rappeler le n° d'ordre dans les commandes.

BEGONIAS TUBÉREUX

La vogue dont jouissent ces belles plantes nous a engagé à nous procurer une des collections les plus riches, composée de tout ce qui a été produit en belles variétés ces dernières années.

Pour le détail de la collection demander le *Catalogue général*.

GLOXINIAS

Qui n'a remarqué sur nos marchés ces belles plantes au feuillage velouté, aux fleurs dont la corolle évasée est teinte de couleurs si variées ? Les fleuristes entourent les fleurs de coton qui en fait encore mieux ressortir l'éclat. Avec l'aide de quelques châssis ou d'une serre froide on pourra jouir, pendant tout l'été, des belles fleurs des Gloxinias.

La collection que nous offrons a été choisie parmi les meilleures nouveautés. (Demander le *Catalogue général*.)

CYDONIA JAPONICA
COGNASSIER DU JAPON

Un des plus jolis arbrisseaux du Japon, le Cognassier se couvre aux premiers beaux jours de milliers de fleurs variant du rouge le plus foncé au blanc le plus pur ; ses fruits parfumés succèdent aux fleurs. Arbustes très-propres à faire de jolies haies et pour mettre à la place la plus en vue des massifs.

Demander le *Catalogue général*.

POTENTILLES

Genre voisin du Fraisier, appelé par quelques personnes le fraisier à fleur. La Potentille est une plante rustique servant à former de jolies bordures. Les noms baroques que l'on a donnés à certaines variétés sont justifiés par l'excentricité du coloris.

Demander le *Catalogue général*.

PIVOINES HERBACÉES

Les bonnes plantes vivaces semblent rentrer en faveur. Nous en félicitons le public, car quelle plante peut lutter comme grandeur de fleur avec la Pivoine, comme parfum avec l'œillet, comme élégance et pureté de forme avec le lis, enfin comme éclat de coloris avec le lychnis croix de Jérusalem?

Aussi offrons-nous à notre clientèle une collection de pivoines herbacées de tout premier choix, composée de 60 variétés, de 1 fr. à 1 fr. 50 pièce.

PHLOX

Choix magnifique parmi les meilleures nouveautés, de 0 fr. 75 à 1 fr. 25 la pièce.

CHRYSANTHÈMES

Magnifique collection de 0 fr. 75 à 1 fr. 25.

DAHLIAS

200 variétés de 0 fr. 75 à 1 fr. 25.

COLLECTION DE PLANTES VIVACES

ŒILLETS, CROIX DE JÉRUSALEM, SAUGES, LIS, ASTER, PIEDS D'ALOUETTE, ETC., ETC.

25 plantes variées à mon choix pour.............. 20 fr.
25 plantes plus rares pour...................... 30 fr.
100 plantes variées pour....................... 75 fr.
100 plantes plus rares........................ 125 fr.

Ces collections seront toujours bien composées. Nous n'avons pas intérêt à répandre de mauvaises plantes.

PLANTES DIVERSES

VIOLETTE, LE CZAR. La plus estimée pour les marchés. Le cent.... 3 »
WEIGELIA AMABILIS LOOYMANSI AUREA. Magnifique Weigelia à feuilles entièrement dorées et à fleurs roses. Plantes fortes. La pièce..... 10 »
D'un an.. 6 »

NOYER à feuilles laciniées..	2 50	FRÊNE doré..............	2 50
MARRONNIER — ..	2 50	HÊTRE pourpre...........	2 50
ORME PLEUREUR.........	2 50	CHÊNE rouge d'Amérique....	2 50
BOULEAU —	2 50	PECHER à feuilles pourpres...	1 50
ACACIA —	2 50	CLEMATITES à grandes fleurs	
NOISETIER —	2 50	magnifique collect. de 1 fr. 50 à 3 fr.	
SOPHORA —	2 50		

AQUILEGIA CHRYSANTHA, charmante espèce, à fleur jaune serin, remonte très-bien.. 1 plante. 1 »

CENTAUREA RUTIFOLIA, plante des Balkans, beaucoup plus élégante que le *Centaurea ragusina*........................ 1 plante. 6 »

NERTERA DEPRESSA, charmante plante de serre froide, forme de jolis tapis pour rocailles, qui se couvrent l'été de milliers de fruits orangés.. 1 plante. 1 »

APONOGETON DISTACHION, plante aquatique du cap de Bonne-Espérance, résiste parfaitement au froid dans nos étangs, se cultive aisément en terrines remplies de sphagnum et de terre de bruyère grossièrement concassée et épanouit tout l'hiver ses belles fleurs blanches très-odorantes..................... 1 plante. 1 »

HORTENSIA, à feuilles panachées.................... 1 plante. 2 50

IBERIS GIBRALTARICA, plante excellente pour bouquets l'hiver, fleurit abondamment en serre froide................. 1 plante. 1 »

PAPAVER UMBROSUM, originaire des régions de la mer Caspienne, fleur cramoisi éblouissant, ornée d'une grande macule noir jais sur chaque pétale............................. le paquet. 1 »

PERSIL à feuilles de fougère, splendide nouveauté..... le paquet. 1 »
Très-propre à l'ornementation des corbeilles.

ERYNGIUM A PORT DE PANDANUS

      EBURNEUM.................. 1 plante 1 fr.
      LASSEAUXII.................. 1 — 1 fr.
      PANDANIFOLIUM .... 1 — 1 fr.
      PLATYPHYLLUM.............. 1 — 1 fr.

Ces belles introductions, trop peu répandues, forment de splendides touffes isolées au milieu des pelouses.

ANTHERICUM COMOSUM VARIEGATUM, port du *Pandanus Veitchi*, plante de serre froide excellente pour décoration des appartements, 1 plante. 10 »

PLANTES NOUVELLES OU PEU CONNUES

TORENIA FOURNIERI (Lind.). — Charmante plante à fleurs bleu foncé, à lèvres marquées de jaune vif.
    Semer en Février-Mars, sur couche chaude, sans recouvrir la graine, repiquer en godets et mettre en pleine terre en Mai, Juin.
    Fleurit toute l'année en serre. Originaire de la Cochinchine.
        Le paquet...................... 2 francs.

CAMPANULA MACROSTYLA (Boiss.) — Une des plus curieuses campanules.
    Plante trapue, feuilles sessiles, linéaires, lancéolées, fleur grande, calice à divisions lancéolées, aiguës, ciliées, corolle largement ouverte, quinquelobée, réticulée de violet sur fond blanc.
    Style longuement exserte. Stigmate épais, d'abord en massue, ensuite trifide. Bisannuel. Orient. (Voir la figure, *Catalogue des graines*.)
        1 paquet de graines........... 2 francs.

PRITCHARDIA FILIFERA (Lind.). — Splendide palmier qui :istera en plein air dans le midi de la France.

Le bord des divisions des feuilles se couvre de lon.; ments blancs qui donnent à la plante un aspect fort original.

Originaire de la Californie.

1 plante.................... 5 francs.
10 plantes................... 45 —

MENTHA REQUIEMI. — Charmante miniature ne dépassant pas deux milli-mètres. Se couvre l'été de nombreuses fleurs roses.

Propre aux rocailles. 🌿

Le pied.................... 1 franc.

NIEREMBERGIA RIVULARIS. — Charmante plante pour bordures. Nombreuses fleurs blanches. 🌿

Le pied.................... 1 franc.

PRIMULA JAPONICA. — La plus belle des primevères (Japon).

Le pied.................... 0 fr. 75
12 pieds.................... 6 francs.
25 pieds.................... 10. —

RHEUM OFFICINALE (vrai de Baillon).—Nouvelle espèce à feuilles très-larges et très-vigoureuses.

1 plante.................... 5 francs.

ANÉMONE JAPONICA et **HONORINE JOBERT.** — Deux magnifiques plantes, fleurissant à la fin de l'été.

1 griffe.................... 0 fr. 50

ŒTHIONEMA CORIDIFOLIUM. — Charmante plante à fleurs roses, pour bor-dures.

1 plante. .... 1 franc.

XANTHOCERAS SORBIFOLIA. — Nouvelle espèce de la Chine. Se couvre de fleurs rosées au printemps. Cet arbuste sera bientôt dans tous les jardins.

1 plante.................... 10 francs.

PHORMIUM VEITCHI . — Lin de la Nouvelle-Zélande à feuilles panachées. Propre à orner les appartements et à isoler sur les pelouses l'été.

1 plante...................... 6 francs.

IDESIA POLYCARPA. — Arbre à joli feuillage, à pétioles rougeâtres. On a fai passer le fruit comme comestible.

Prix .... 6 francs.

EULALIA JAPONICA. —Magnifique graminée de pleine terre à feuilles pana-chées. Pousse vigoureusement et est très-rustique.

Prix.................... 4 fr.

AMPELOPSIS VEITCHI. — Vigne vierge à feuilles découpées, passant au rouge pourpre à l'automne et conservant ses feuilles 15 jours plus tard que la vigne vierge ordinaire.

Prix.................... 2 fr. 50

GAZON ANGLAIS DE PROVENANCE DIRECTE

1 kilo, 1 fr. 25; 10 kilos, 11 fr. 50; 100 kilos, 100 fr.

ACHAT DE PLANTES DE COLLECTION

ORCHIDÉES OU AUTRES PLANTES INTERESSANTES

Adresser les renseignements franco

GRAINES POTAGÈRES ET DE FLEURS

Demander le Catalogue spécial.

OGNONS A FLEURS, PLANTES BULBEUSES

Demander le Catalogue spécial

PRODUITS INDUSTRIELS HORTICOLES

ENGRAIS CHIMIQUES CONCENTRÉS

DE F.-V. LEBEUF

ENGRAIS DES SERRES, spécial pour plantes de serres et d'appartements. 1 *kilo représente environ* 60 à 80 *kilos de fumier.* 1 gramme par litre d'eau. 1 arrosage tous les 8 jours. 500 grammes............. 3 fr.

ENGRAIS DES JARDINS pour toutes sortes de plantes et légumes. 1 *kilo représente environ* 60 à 80 *kilos de fumier.* 4 grammes à 5 grammes par litre d'eau. Un arrosage tous les 6 jours. 500 grammes......... 3 fr.

(*Eviter, en employant ces engrais, de mouiller le feuillage.*)

Remise de 10 p. 0/0 pour toute commande dépassant 5 kilos.

Nous pouvons aussi expédier par la poste les *Engrais chimiques concentrés,* mais aux prix suivants :

ENGRAIS DES SERRES. — La boîte de fer-blanc pesant net 150 gr...... 1 50

ENGRAIS DES JARDINS. — La boîte de fer-blanc pesant net 150 gr... 1 50

DÉPOT DE MASTIC A GREFFER A FROID

DE M. LHOMME LEFORT

32 MÉDAILLES A DIVERSES EXPOSITIONS

0 fr. 75 cent. — 1 fr. 50 cent. — 3 fr. la Boîte.

Boîtes de 2 et 3 kilos, à **2 fr. 75** le kilo.

ÉTIQUETTES EN ZINC POUR ARBRES ET POTS

No 1. Pour arbres, carrées avec œillets.	Le cent, 3 fr.	» Le mille, 25 fr.
No 2. — — —	Le cent, 2 fr.	» Le mille, 16 fr.
No 3. — longues avec œillets.	Le cent, 1 fr. 50	Le mille, 10 fr.
No 4. Pour pots...................	Le cent, 4 fr.	» Le mille, 30 fr.
No 5. —	Le cent, 1 fr. 50	Le mille, 12 fr.

Flacon d'encre préparée spécialement pour ces étiquettes. 1 fr. 50

OUTILS DIVERS

POUR PROPRIÉTAIRES, JARDINIERS ET AGRICULTEURS

Tous ces outils sortent de la maison Saynor de Sheffield, la première maison anglaise pour la fabrication des instruments de jardinage et agricoles.

Nous prions instamment nos honorables clients de jeter les yeux sur le prix courant spécial illustré qui leur sera envoyé franco. Des gravures d'une exécution parfaite permettent à l'acheteur de choisir pour ainsi dire l'outil à sa main.

Nous ne tirons pas un grand bénéfice de la vente de ces articles, nous nous estimerions assez récompensés si nous arrivions à répandre en France ces outils si parfaitement conditionnés qu'ils sont presque inusables.

Pour les détails et le prix courant, consulter le catalogue spécial.

BÊCHES DE L'AISNE

Ces bêches sont admirablement fabriquées et en excellent acier. Ce sont les seules dont nous nous servions.

```
Haut. 21 cent. .............. 4   »
      22   —   .............. 4 50
      25   —   .............. 5 25
      27   —   .............. 6   »
      30   —   .............. 6 75
```

SÉCATEUR BRASSOUD

Avec son ressort de rechange. Prix,......... 8 fr.

BOTTELEUR A ASPERGES

Modèle d'Argenteuil. Prix.................. 8 fr.

TABLE A BOTTELER

POUR ASPERGES

Modèle Parent (Voir la brochure : *Culture de l'Asperge à la charrue* ou la 7e édition de l'ouvrage : *les Asperges, les Fraises,* etc.

Prix sur demande.

CHARRUE PARENT

POUR LA CULTURE DE L'ASPERGE

Voir la brochure : *Culture de l'Asperge à la charrue* ou la 7e édition de l'ouvrage : *les Asperges, les Fraises,* etc.

Prix sur demande.

NOUVEAU LIEN POUR ATTACHER LES PLANTES

FIBRES DU JAPON

Le meilleur lien pour attacher les plantes. Le plus économique, le plus propre. Souple et solide, ce nouveau lien ne blesse pas les plantes. Il peut se subdiviser à l'infini. Le kilo.......................... 3 fr.

Nous nous chargeons de procurer à notre clientèle tous les ustensiles de jardinage et produits de l'industrie horticole qui nous seront désignés. L'emballage sera surveillé avec le plus grand soin.

OUVRAGES DE V.-F. LEBEUF

Ces ouvrages sont expédiés franco *par la poste, contre un mandat ou des timbres-poste à 25 c. non séparés.*

Culture des champignons de couche et de bois et de la truffe, ou moyen de les multiplier, reproduire, accommoder, conserver, de reconnaître les champignons sauvages comestibles, etc. 1 vol. in-18 jésus, avec 20 gravures, *franco* par la poste, 1 fr. 50.

Culture de la Vigne, *Guide du Vigneron et de l'Amateur de treilles,* indiquant, mois par mois, les travaux à faire dans le vignoble et dans les jardins sur les treilles; la manière de planter, gouverner, dresser, cultiver la vigne d'après toutes les méthodes en usage en France, la guérir de ses maladies; suivie de l'*Oidium*, ou moyen de le traiter et de le guérir. 1 vol. in-18, avec 32 gravures, 2 fr. 80.

Engrais des jardins. — Moyens de s'en procurer, d'en fabriquer à discrétion et à bon marché, ou quels sont les meilleurs engrais animaux, végétaux, artificiels, chimiques et du commerce; la manière de modifier la nature du sol par leur emploi, d'avoir de l'eau pour les arrosements, etc. 1 vol. in-18, 1 fr. 25 c. *franco* par la poste.

Les Asperges, les Fraises, les Figues, les Framboises et les Groseilles, ou description des meilleures méthodes de culture, pour les obtenir en abondance et presque sans frais, suivi de la manière de les forcer pour avoir des primeurs et des fruits pendant l'hiver, du Calendrier du cultivateur d'asperges, de fraisiers, indiquant, mois par mois, les travaux à faire dans les aspergeries, les fraisières. 1 vol. in-18, avec 28 figures, sixième édition, *franco* par la poste, 1 fr. 50.

L'Horticulteur-gastronome. — BONS LÉGUMES ET BONS FRUITS, ou choix des meilleures variétés de plantes potagères et arbres fruitiers, vignes, etc., à cultiver; moyens de *conserver les fruits et légumes* pendant l'hiver, suivis des 365 *salades de l'ami Antoine,* de la manière *d'établir un jardin potager fruitier de produit,* et du *Calendrier de l'horticulteur.* 1 vol. in-18, 1 fr. *franco* par la poste. (On peut envoyer des timbres-poste à 25 cent. *non séparés*)

Arbres fruitiers. — *Culture et taille économiques et rationnelles des* **poirier, pommier, prunier, cerisier,** ou : 1° Moyens de préparer le sol et de planter économiquement pour avoir des arbres productifs et de longue durée; 2° Description des 30 meilleures variétés de poires pour espaliers et des 30 plus méritantes pour haute tige pour la consommation de l'été, de l'automne, de l'hiver et du printemps; 3° Formes nouvelles naturelles opposées aux formes théoriques et fantaisistes, improductives et onéreuses; 4° Taille simplifiée; 5° Conservation des fruits; 6° Extinction des variétés anciennes et leur remplacement; 7° Silhouettes ou gravures des 43 meilleures poires de grandeur naturelle et gravées d'après nature, un espalier et une pyramide modèles, etc. 1 vol. grand in-18 jésus, *franco* par la poste, 2 fr. 50.

Révolution agricole, ou *moyen de faire des bénéfices en cultivant les terres.* 1 vol. in-18, 5 gravures dans le texte, 2 fr. *franco* par la poste.

Dans cet ouvrage, l'auteur expose un système complètement nouveau, basé sur l'expérience et dont les résultats sont certains. C'est le seul travail qui existe en ce genre.

Culture de l'Asperge à la Charrue, d'après la méthode Parent. Description d'un nouveau mode de culture de l'Asperge; de la charrue pour cultiver l'Asperge, de la table à botteler, etc., etc., par A. Godefroy Lebeuf. Une brochure in-18, 3 gravures, 0 fr. 75, *franco* par la poste.

Imprimerie D. Bardin, à Saint-Germain.